MANUAL DO SOLO VIVO

COLEÇÃO AGROECOLOGIA

Agroecologia na educação básica – questões propositivas de conteúdo e metodologia
Dionara Soares Ribeiro, Elisiani Vitória Tiepolo, Maria Cristina Vargas e Nivia Regina da Silva (orgs.)

Dialética da agroecologia
Luiz Carlos Pinheiro Machado, Luiz Carlos Pinheiro Machado Filho

Dossiê Abrasco – um alerta sobre os impactos dos agrotóxicos na saúde
André Búrigo, Fernando F. Carneiro, Lia Giraldo S. Augusto e Raquel M. Rigotto (orgs.)

A memória biocultural
Víctor M. Toledo e Narciso Barrera-Bassols

Pastoreio Racional Voisin
Luiz Carlos Pinheiro Machado

Plantas doentes pelo uso de agrotóxicos – novas bases de uma prevenção contra doenças e parasitas: a teoria da trofobiose
Francis Chaboussou

Pragas, agrotóxicos e a crise ambiente - problemas e soluções
Adilson D. Paschoal

Revolução agroecológica – o Movimento de Camponês a Camponês da ANAP em Cuba
Vários autores

Sobre a evolução do conceito de campesinato
Eduardo Sevilla Guzmán e Manuel González de Molina

Transgênicos: as sementes do mal – a silenciosa contaminação de solos e alimentos
Antônio Inácio Andrioli e Richard Fuchs (orgs.)

Um testamento agrícola
Sir Albert Howard

Pragas, agrotóxicos e a crise ambiente – problemas e soluções
Adilson D. Paschoal

SÉRIE ANA PRIMAVESI

Ana Maria Primavesi – histórias de vida e agroecologia
Virgínia Mendonça Knabben

Algumas plantas indicadoras – como reconhecer as características limitantes de um solo
Ana Primavesi

A biocenose do solo na produção vegetal & De iciências minerais em culturas – nutrição e produção vegetal
Ana Primavesi

Cartilha da terra
Ana Primavesi

A convenção dos ventos – Agroecologia em contos
Ana Primavesi

O grão de trigo
Ana Primavesi

Manejo ecológico de pastagens em regiões tropicais e subtropicais
Ana Primavesi

Manejo ecológico e pragas e doenças
Ana Primavesi

Manual do solo vivo – solo sadio, planta sadia, ser humano sadio
Ana Primavesi

Micronutrientes: os duendes gigantes da vida
Ana Primavesi

Pergunte o porquê ao solo e às raízes: casos reais que auxiliam na compreensão de ações eficazes na produção agrícola
Ana Primavesi

Ana Primavesi

MANUAL DO SOLO VIVO
solo sadio
planta sadia
ser humano sadio

2ª EDIÇÃO REVISADA
EXPRESSÃO POPULAR
SÃO PAULO – 2016

Copyright © 2016, by Expressão Popular

Revisão: *Odo Primavesi, Lia Urbini e Cecília da Silveira Luedemann*
Projeto gráfico e diagramação: *ZAP Design*
Capa: Etiene Flor (@ etiene.flor)
Logo da coleção: *Marcos Cartum*
Impressão e acabamento: *Paym*

Dados Internacionais de Catalogação-na-Publicação (CIP)

P952m   Primavesi, Ana
    Manual do solo vivo: solo sadio, planta sadia, ser humano sadio. / Ana Primavesi.--2.ed. rev. —São Paulo : Expressão Popular, 2016.
    205 p. : il.—(Ana Primavesi).

    Indexado em GeoDados – http://www.geodados.uem.br.
    ISBN 978-85-7743-288-2.

    1. Solo – Manejo. 2. Solo – Qualidade. 3. Agroecologia. I. Título. II. Série.

CDU 631.4

Catalogação na Publicação: Eliane M. S. Jovanovich CRB 9/1250

Todos os direitos reservados.
Nenhuma parte deste livro pode ser utilizada
ou reproduzida sem a autorização do Iterra e da editora.

1ª edição: Fundação Mokiti Okada – MOA, março de 2006
2ª edição: Expressão Popular, setembro de 2016
11ª reimpressão: junho de 2024

EDITORA EXPRESSÃO POPULAR
Alameda Nothmann, 806 – Campos Elíseos
CEP 01216-001 – São Paulo – SP
atendimento@expressaopopular.com.br
www.expressaopopular.com.br
◾ ed.expressaopopular
@ editoraexpressaopopular

SUMÁRIO

Nota Editorial 7
Como conhecer seu solo e sua saúde 9
1. Os segredos do solo tropical... 23
2. Agroecologia/agricultura natural 27
3. Os conceitos básicos da agroecologia tropical 29
4. Exemplo de ciclos 35
5. Como é um solo saudável 41
6. Como examinar um solo 43
7. Por que o solo tropical precisa ser pobre? 77
8. Resíduos de material orgânico 81
9. Colocação da matéria orgânica 91
10. Para que serve a matéria orgânica 93
11. Composto 101
12. Preparo do solo... 109
13. Atividade de minhocas 113
14. Nutrição vegetal 117
15. O exame das raízes 121
16. O que as raízes comunicam 129
17. Pragas e doenças 133
18. Como se criam pragas 137
19. Equilíbrio entre os nutrientes (Trofobiose) 141
20. O uso de caldas... 145
21. Plantas indicadoras 147
22. Reconhecimento de pastagens 163
23. Sistema Plantio Direto 165
24. Máquinas agrícolas e seu efeito 171
25. Relação entre plantas... 177
26. Salinização de solos de estufas e campos 183
27. A seca e o que a agrava... 185
28. A agricultura da não violência 191
29. Agricultura Natural: A solução para os problemas atuais............... 193

Referências bibliográficas... 203

NOTA EDITORIAL

A Editora Expressão Popular foi agraciada, em 2015, com a cessão dos direitos para publicação das obras de Ana Maria Primavesi (a qual inclui contribuições de Artur Barão Primavesi e de seus filhos) e criou a Série Ana Primavesi.

Seu símbolo, um girassol, homenageia essa grande cientista. Doutora da ciência e da natureza que, com sua simplicidade e pioneirismo, destaca-se como figura maior na busca da harmonia entre o desenvolvimento global e a preservação dos solos para a continuidade da vida no planeta.

Suas obras são resultado de uma vida dedicada ao estudo, pesquisa e experiência em agroecologia e agronomia em geral. Sua identidade está materializada nos textos nas mais diferentes formas em defesa da vida do solo, das plantas e da humanidade.

A reedição desse legado vem ao encontro de uma crescente busca pela agroecologia e por um embasamento científico do tema. As obras de Ana Primavesi preenchem todas essas lacunas, pois são obras clássicas, atemporais, que seguem as leis da natureza.

Agradecemos à solidariedade de Ana Primavesi e de sua família ao dispor de suas obras.

Os editores

COMO CONHECER SEU SOLO E SUA SAÚDE

> O homem somente terá saúde
> se os alimentos possuírem energia vital.
> Os alimentos somente possuem
> energia vital se as plantas forem saudáveis.
> As plantas somente serão saudáveis
> se o solo for saudável.
> *Solo sadio –> Planta sadia –> Homem sadio*

Introdução

Recebi uma mensagem de correio eletrônico de uma universidade da Índia em que um professor me pergunta: "Você acredita que a violência urbana tem suas origens na decadência do solo? Por favor me responda". Que pergunta esquisita – pensei –, estes indianos meditam demais e chegam depois a conclusões meio estranhas. Mas, depois, comecei também a pensar: solo decadente está doente, e solo doente somente pode criar plantas deficientes, ou seja, doentes. E plantas doentes tornam-se produtos de um valor biológico muito baixo, por isso são atacados por tantas pragas e doenças, precisando muitos defensivos. Em uvas, nos cultivos ao longo do Rio São Francisco, são normais 120 pulverizações com defensivos e existem fazendas onde sobem até 140 pulverizações; diariamente uma, às vezes, duas. E plantas doentes somente fornecem alimentos incompletos e os homens que as consomem também são doentes, fisicamente e também atacados dos nervos. E estas pessoas caem ou na depressão, como faz a maioria, ou no outro extremo que é a violência. O psiquiatra gaúcho Juarez Callegaro[1] mostra que chumbo, cádmio e outros metais tóxicos estão em excesso nas pessoas violentas. Baixo nível de zinco e alto de cobre, torna o cobre tóxico e ativa a violência. Manganês alterado correlaciona-se com epilepsia, depressão, esquizofrenia e violência. E assim por diante. Respondi com um "sim".

Toda vida em nosso globo depende do solo: as plantas, os alimentos, o oxigênio produzido pelas plantas e pelo plâncton do mar que, por sua vez, vive da matéria orgânica que vem dos continentes; os peixes que vivem do plâncton e toda cadeia alimentar que vai desde os camarões, lagostas e pinguins, até os ursos polares e as aves marinhas; e mesmo a água nos aquíferos, os lençois freáticos, poços e rios, que dependem da infiltração da chuva nos solos e que são permeabilizados pela atividade dos micróbios, que agregam a terra durante a decomposição da matéria orgânica vegetal. Estes também decompõem animais e homens mortos, para que nosso planeta esteja sempre pronto a receber nova vida e não viaje pelo espaço somente com uma enorme carga de cadáveres de animais e vegetais. Os micróbios igualmente decompõem tudo o que é deficiente, doente, fraco e velho.

A vida não pode degenerar; ela tem de permanecer forte e vigorosa para continuar através dos milênios. O solo é o alfa e o ômega, o início e o fim de tudo. E mesmo se até 98% da população viver em cidades, como nos EUA, o alimento, a água e o oxigênio vêm do solo e das plantas que ele produz.

Há quase 4 mil anos a filosofia védica diz: "Se pragas atacam suas lavouras, elas vêm como mensageiras do céu para avisá-lo de

---

[1] CALLEGARO, J. N., *Mente criativa: a aventura do cérebro bem nutrido*. Petrópolis: Vozes, 2008.

que seu solo está doente". Por isso, os australianos, quando verificam uma praga em seu campo, primeiro perguntam: "O que fiz de errado com meu solo?", e tentam descobrir o erro. Somente depois aplicam um defensivo, que sempre é exceção e nunca rotina. Matam a praga no momento, mas depois recuperam seu solo, para que isso não se repita. Por quê?

Porque: Solo doente –> Planta doente –> (animal) Homem doente.

A cada ano se necessitam mais hospitais, mais leitos hospitalares, mais postos de saúde e mais remédios. E 20% das crianças que nascem são paraplégicas, com problemas deformativos, ou com outras anomalias. Sempre dizem que é genético... Mas, pouco a pouco, descobre-se o porquê. Em geral é algum desequilíbrio mineral na alimentação das mães. É o velho *mementi mori* que reza: "lembra-te que és pó e a pó tornarás". Tomou-se isso como um infantilismo religioso, que imaginava que Deus era o primeiro oleiro quando fez Adão. Mas, na verdade, é uma sabedoria muito antiga de que o corpo vem da terra e volta a ser terra (no hebraico Adão ou Adam vem de *adamah*, que significa terra, do qual foi modelado Adam, o ser humano). O corpo humano, como tudo o que é vivo na Terra, é feito de carbono-água/hidrogênio-oxigênio, proteínas, nitrogênio etc., e torna a ser água, oxigênio, carbono e minerais depois de morrer. *O que é material no homem, ou seja, seu corpo, é feito de minerais (em torno de 7% da massa; sendo os outros 93% de C, O e H, sendo 70% na forma de água) que vêm da terra e voltam a ser terra.*

Hoje em dia, tudo o que não se sabe explicar bem é atribuído a fatores genéticos, e procura-se identificar irregularidades no código genético. Mas os genes não são partículas e não possuem forma visível no microscópio eletrônico como os átomos. Eles são códigos escritos em fórmulas químicas, ou seja, de ácidos nucleicos. Mas códigos são como projetos para uma máquina ou uma casa, feitos no computador, e que podem conter diversos procedimentos alternativos "se", de acordo com as condições ambientais. E projetos necessitam de sua execução para se tornarem realidade. E para esta execução precisa-se de material que vem da terra: os minerais.

É "genético" uma pessoa precisar mais de algum mineral do que as outras. Se não o recebe, aparece a enfermidade "genética". Assim, por exemplo, uma mãe que recebe pouco cobre na alimentação, mas geneticamente necessitaria de mais, pode ter um filho cujo centro motor no cérebro não se desenvolve adequadamente e a criança pode nascer paraplégica. Se uma criança recebe menos iodo do que necessitaria, pode sofrer de cretinismo; se é deficiente em manganês, provavelmente será aleijada. Assim também ocorre com os animais. E se, com sua dieta diária, a pessoa recebe menos zinco do que foi programado geneticamente, poderá ser mentalmente atrasada e muito "parada". O zinco é o "lixeiro" do sangue (Lukashi *apud* McBride, 1999) e deve descarregar o gás carbônico das hemácias, para que elas possam carregar novamente oxigênio e oxigenar o cérebro. Mas se a pessoa com dificuldade mental receber adicionalmente zinco em sua dieta, recupera-se totalmente, em poucos meses, e até pode ser muito inteligente. E se um atleta recebe zinco, não se cansa tão rápido. Tudo isso é geneticamente programado ou estabelecido, porque a quantidade de minerais que a pessoa necessita é aqui codificada e normalmente é comum à família.

Portanto, o homem é o que a terra, ou o solo, faz dele, isto é, o que ele recebe através de sua alimentação. Portanto, o solo tem de ser sadio, ou seja, com equilíbrio entre todos seus fatores. Deve ser bem agregado (Foto 1) para que ar e água possam penetrar, e precisa estar limpo, sem substâncias tóxicas. E como o solo é o bem mais precioso do nosso planeta, ele deveria receber toda atenção, todo cuidado e amor. Hoje, no entanto, somente se tenta explorá-lo para ganhar dinheiro rapidamente, abandonando-o logo depois. Os colonos europeus não sabiam cuidar do solo tropical. Cuidavam-no como um solo de clima temperado.

Foto 1 – Solo grumoso, com boa agregação e permeabilidade à água

Fonte: Arquivo pessoal da autora

A chuva tropical que golpeia o solo tropical, desnudo e mantido limpo por herbicidas, causa crostas superficiais, impermeabilizando-o (Fotos 2, 3), após o calor ter oxidado a matéria orgânica que mantinha as partículas sólidas agregadas (Tabela 1). A água não infiltra mais no solo (Tabela 2) e escorre (Tabelas 3 e 4), causando erosão (Tabela 5) e enchentes em lugar de repor a água dos aquíferos e lençóis freáticos, ou seja, a "água residente", e onde antigamente dominava uma completa calmaria, o famoso *"doldrum"*, ocorre uma paisagem varrida pelo vento, que leva boa parte da umidade (Figura 1) e causa desertificação dos solos decaídos, degradados, mortos biologicamente. Se faltar água numa propriedade, onde antigamente brotavam fontes e tinha poços, é porque o solo está impermeável (Klinkenborg, 1995).

Foto 2 – Solo adensado em campo de soja oito meses após derrubada de cerradão, revolvimento do solo, calagem e chuvas intensas

Fonte: Arquivo pessoal de Odo Primavesi

Foto 3 – Formação de crosta superficial (selamento), após chuva noturna, logo após preparo do solo para semadura de algodão

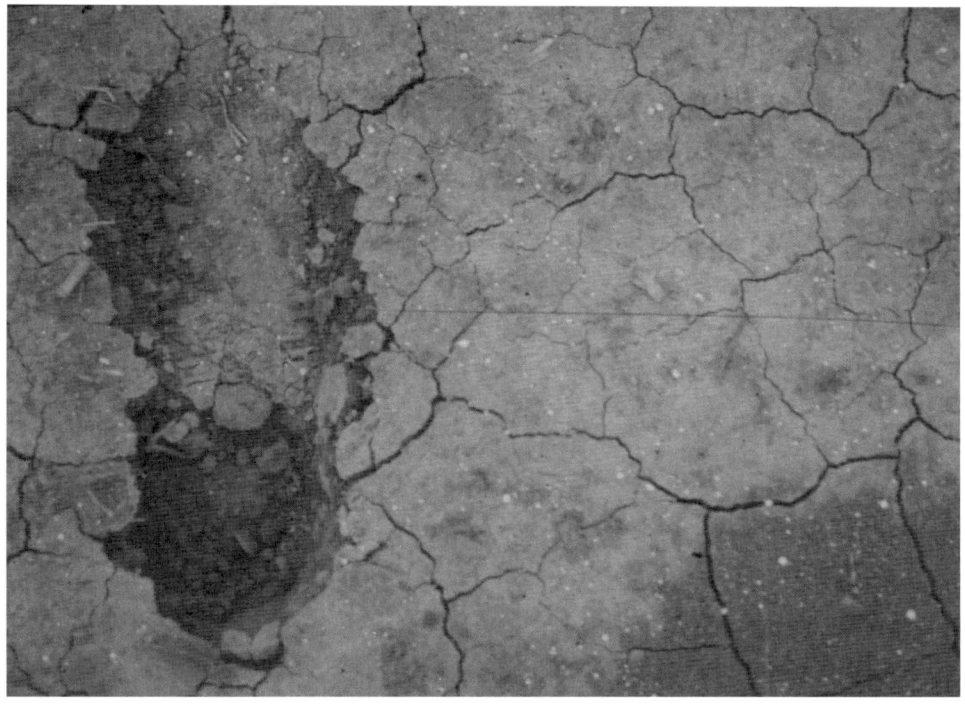

Fonte: Arquivo pessoal de Odo Primavesi

Tabela 1 – Perdas em matéria orgânica do solo (MOS) em função de tipo de manejo

Tipo de manejo	Perdas em MOS após 19 dias
	kg/ha
Arado de aiveca + duas gradagens	4.300
Arado de aiveca	2.230
Grade de disco	1.840
Escarificador	1.720
Plantio direto	860

Fonte: Glanz (1995) *apud* Bot & Benites (2005), em Primavesi (2013)

Tabela 2 – Efeito de cobertura morta sobre captação de água pelo solo, no semiárido, com 590 mm de chuvas anuais

Manejo do solo	Água		
	Escorrida e evaporada	Drenada ao subsolo	Armazenada no solo
	mm		
Capinado	377,0	10,4	202,6
Cobertura morta	28,6	119,6	441,8

Fonte: Farbrother *et al.* (1952) em Primavesi (1980)

Tabela 3 – Infiltração de água em Latossolo Vermelho Distroférrico*, argiloso

Uso do solo	Macro-poros	MO	Infiltração						
			1h	2h	3h	4h	5h	6h	7h
	%	g/kg	mm/h						
Mata	20,4	44	136,8	92,9	82,6	82,0	77,0	75,0	73,0
Plantio direto	14,3	34	113,1	78,9	74,5	62,7	61,0	54,8	51,5
Pastagem nativa	14,4	34	96,1	66,3	63,0	52,7	51,8	46,7	44,2
Plantio convencional	6,9	15	48,0	33,0	31,5	25,5	24,0	23,0	22,0

Fonte: Machado (1976) em Primavesi (1980). *antigo Latossolo Roxo. MO = matéria orgânica

Tabela 4 – Modificação de algumas características do solo pelo cultivo

Manejo	MO	Densidade do solo	Agregados de 0,5 mm diâmetro	Infiltração média da água em 9 h
	g/kg	g/cm3	%	mm
Floresta	58	1,07	92,1	148
Pastagem nativa	32	1,33	90,8	119
Cultivo convencional, 4 anos	32	1,32	66,0	91
Cultivo convencional, 8 anos	31	1,40	58,2	17
Cultivo convencional, 14 anos	27	1,55	53,6	7

Fonte: Machado (1976) em Primavesi (1980). MO = matéria orgânica no solo

Tabela 5 – Perdas de solo e de água, por chuvas simuladas, em Latossolo Vermelho Escuro, textura argilosa, com 10% de declividade, em diversos tipos de preparo de solo

Tipo de preparo	Perdas		Valor relativo	
	Solo	Água Solo		Água
	kg/ha		%	
Sem movimentar + cobertura morta	808	10,0	22	105
Arado de disco	1.999	4,0	53	42
Arado de disco + 2 Gradagens	3.746	9,5	100	100
2 gradagens	4.294	6,0	115	63
4 gradagens	5.913	5,0	158	53
Sem movimentar	15.118	46,0	404	483
Arado de disco + 4 gradagens	16.041	10,5	428	10

Fonte: Biscaia (1978), em Primavesi (2013)

Figura 1 – Brisas e ventos alteram teor de umidade em solo nu (acima) e protegido (abaixo)

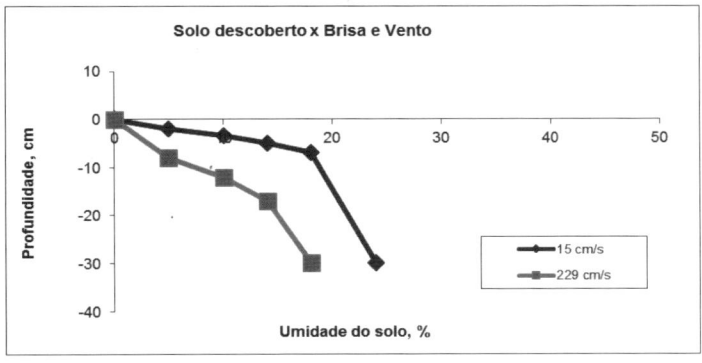

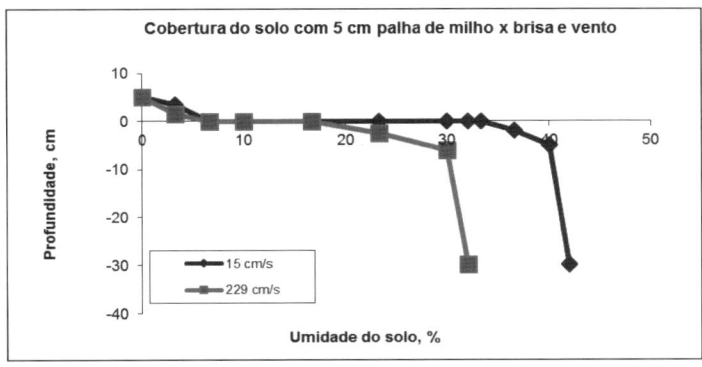

Fonte: Benoit & Kirkham (1963), em Primavesi (2013)

E os solos estão decaídos graças a uma tecnologia inadequada, imposta pelos colonos europeus. Após o desmatamento, revolvem o solo profundamente, acreditando que isso afrouxa o solo e acelera seu aquecimento (na Europa é necessário, pois o solo congela no inverno). Mas, na verdade, tal ação provoca seu adensamento, a redução dos macroporos ou poros de drenagem e de aeração, que passa para menos de 10% (nível crítico). O solo se torna duro, e em lugar de protegê-lo contra o aquecimento pelo sol e o impacto da chuva, procura-se mantê-lo no limpo, bem capinado, isento de qualquer planta que pudesse protegê-lo. Secam as fontes e secam os rios, e a vegetação, antes exuberante, agora perde toda sua força vital.

O solo tropical e a agricultura orgânica

O solo tropical é um ecossistema, da mesma forma como o solo sob clima temperado. A palavra sistema é utilizada para dizer que muitos fatores interligados fazem funcionar uma determinada estrutura organizada. Eco vem da palavra grega *"oikos"*, que significa lugar. Assim, cada lugar possui seu sistema todo particular. Portanto, a transferência de tecnologia de um ecossistema (o temperado) para o outro (o tropical) não funciona. E como mostra a Tabela 6, absolutamente todas as características dos dois ecossistemas são diferentes. Não se pode admitir que o solo tropical seja completamente errado e bom seja somente o de clima temperado. Ao contrário. Em estado nativo o tropical produz 5,5 vezes mais biomassa do que o temperado. Ele é muitíssimo mais produtivo enquanto puder trabalhar dentro de suas condições. Mas quando é obrigado a funcionar dentro das condições do clima temperado, trabalha muito precariamente.

Tabela 6 – Diferença do solo de clima temperado e tropical

Tecnologia agrícola tropicalizada – Agroecologia		
Características do solo	Clima tropical (conceitos)	Clima temperado (receitas)
Argila	caolinita – muito alumínio	esmectita – muita sílica
Profundidade	profundo	raso
Capacidade de troca Catiônica (CTC)	10 a 70 mmolc /dm³	500 a 2200 mmolc /dm³
Riqueza Mineral	baixa	elevada
Agregação	Por alumínio (AL+3) e ferro (Fe+3) oxidados	por cálcio (Ca+2)
Cálcio	nutriente pH 5,6 a 5,8, saturação CTC 25 a 40%	correção pH 6,8 a 7,0 saturação CTC até 80%
Micro-organismos	15 a 20 milhões/g ativos até 15 cm Reciclagem de M.O.	2 milhões/g ativos até 25cm
Húmus	0,8 a 1,2%, decomposição muito rápida ácido fúlvico (lixivia)	3,5 a 5,0%, decomposição lenta ácido húmico e humina
Temperatura ótima	25ºC	12ºC
Insolação	forte	fraca
Evaporação da água	especialmente pelo aquecimento direto do solo	somente pela vegetação
Chuvas	especialmente intensas, compactam o solo	pouco intensas, parte na forma de neve
Condição do solo	protegido contra o calor e o impacto da chuva	limpo para captar calor
Revolvimento do solo	mínimo para não animar demais a vida	profundo para animar a vida e aquecê-lo
Tecnologia agrícola	de acesso aos nutrientes	de quantidade ou massa de nutrientes

A agricultura orgânica deveria produzir alimentos de valor biológico elevado. E isso somente ocorre em solos sadios e com plantas sadias. Planta saudável nunca é atacada por pragas e doenças numa intensidade que traga dano econômico. Se estas aparecem é porque a planta já está doente por não poder mais formar todas as suas substâncias para as quais foi geneticamente programada, capacitada. Portanto, mesmo quando se consegue produzir – graças aos defensivos que, conforme o desequilíbrio nutricional da planta, são usados até duas vezes ao dia –, o produto produzido será de valor biológico inferior, por vir de um solo em destruição.

As figuras 2 e 3 mostram a diferença entre um solo nativo, protegido, com sua agregação boa e enraizamento profundo, e um solo cultivado, exposto ao sol e à chuva, com encrostamento superficial e desenvolvimento radicular superficial (com adubos "A" ali concentrados aumentando o efeito salino), barrada pela laje subsuperficial (também chamada de *hardpan*). Muitos acreditam que compactações e lajes podem ser eliminadas pelo arado ou subsolador. Mecanicamente, é possível romper camadas duras de terra, mas nunca agregá-las novamente. A agregação é um processo químico-biológico.

Figura 2 – Em solo natural, com superfície protegida, temperatura do solo atenuada, sistema radicular sem impedimentos físicos, permeabilidade à água adequada

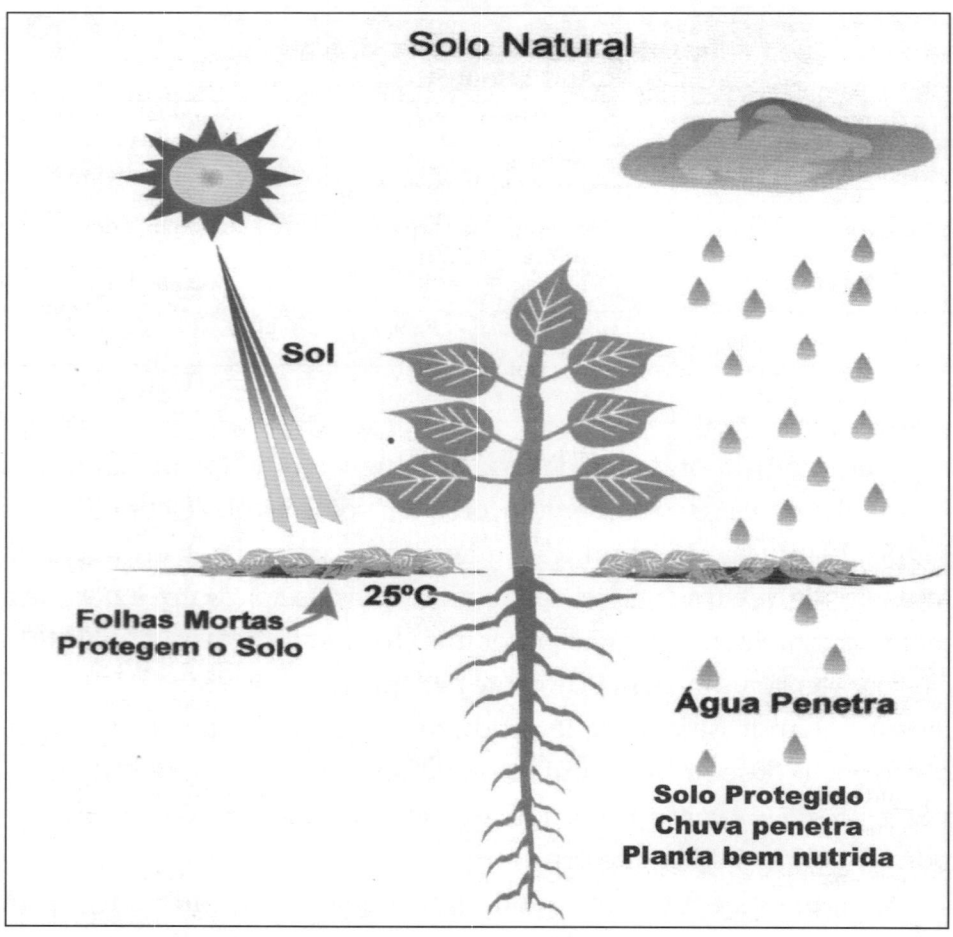

Figura 3 – Em solo cultivado, sem cuidados conservacionistas, ocorre formação de crosta, aquecimento superficial, escorrimento de água e impedimento ao desenvolvimento normal das raízes

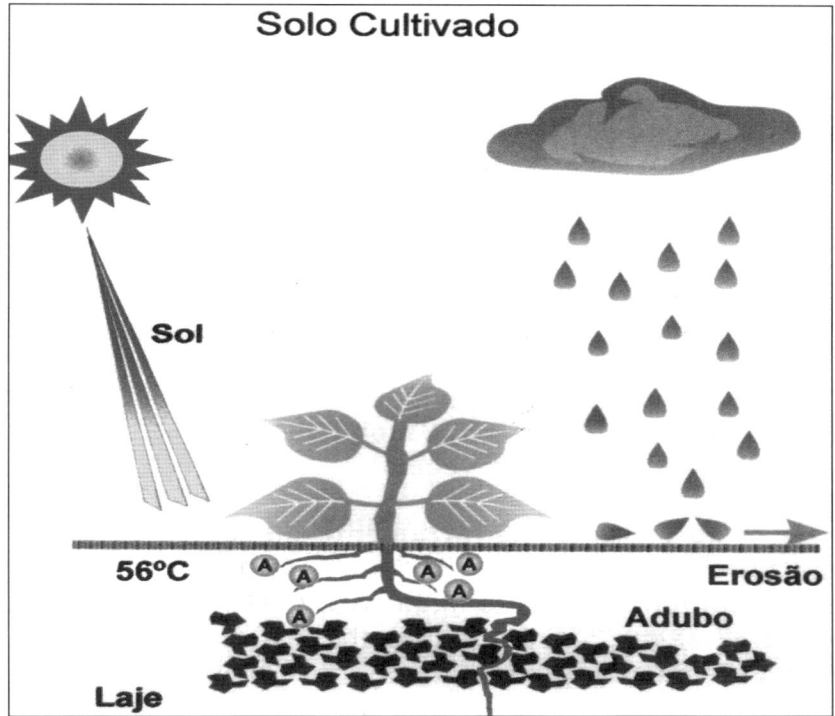

A agricultura orgânica, de maneira geral, não se livrou do enfoque fatorial, temático, vendo e analisando somente fatores isolados e dos quais os chineses dizem: "se olhardes uma montanha através dum microscópio, somente podes ver um grão de areia". Não se enxergam os bosques e rochedos, os córregos, os campos floridos e os animais. Olhando a natureza fator por fator, nunca se compreenderá suas inter-relações, engrenagens, relatividades e funcionamento. Por isso, a agricultura ecológica somente pode usar o *enfoque holístico,* geral.

E como na agricultura convencional tudo é feito com receitas, os agricultores orgânicos também esperam por receitas e não compreendem que esse tipo de agricultura, quando em base ecológica, somente pode funcionar por conceitos, simplesmente porque cada lugar geográfico tem seu ecossistema todo particular.

O maior erro ocorre com o composto. Primeiro, quase todos acreditam que usar composto é praticar agricultura orgânica, embora seja somente uma das possibilidades orgânicas. Consideram o composto como "NPK em forma orgânica" e até dizem: "não se consegue um produto de padrão melhor porque com 40 t/ha de composto se adiciona somente metade de NPK (nitrogênio-fósforo-potássio) que os convencionais usam".

O pior erro da agricultura orgânica é usar defensivos regularmente. Tanto faz se tratar de caldas, inimigos naturais ou feromônios. Esteja ciente: se o solo não está com saúde, mas decadente, a planta também não está saudável, e sim, doente. Por isso está sendo atacada. E mesmo que ela seja protegida por defensivos, vai apresentar um produto de valor biológico muito baixo, embora utilize tóxicos menos agressivos, e que não deixam resíduos nocivos. Se pragas e doenças atacam as plantas, o solo necessita ser recuperado e sanado. *O uso de todos os defensivos* (inclusive feromônios e joaninhas) *deve ser ocasional e nunca rotineiro, como em uma transição do convencional para o natural, o ecológico. A rotina tem de ser melhorar o solo.*

1. OS SEGREDOS DO SOLO TROPICAL

1 – A *rápida reciclagem da matéria orgânica* e sua inter-relação com a enorme quantidade de microvida (20 milhões de fungos e bactérias por 1cm³ de terra) e a atividade das raízes.

Este sistema permitiu o desenvolvimento da floresta mais frondosa do mundo, a Amazônica, sobre solos extremamente pobres quimicamente.

2 – A *enorme biodiversidade nos ecossistemas naturais.*

Na Amazônia, raramente existem mais que três árvores da mesma espécie por hectare de terra. Plantas diferentes podem explorar o mesmo espaço de solo. Com isso, aumentam as excreções radiculares, o número e a espécie de micróbios, a mobilização de nutrientes e consequentemente o crescimento vegetal.

3 – O *intenso ou profundo enraizamento do solo*, que não somente permite a exploração de um volume muito grande de terra, mas também proporciona sempre água fresca (abaixo de 50 cm o solo raramente passa de 25°C e dificilmente seca).

Existem vários sistemas de cultivo que trabalham neste sentido. Exemplos:

a) o sistema da Malásia (Sarwar e Khanif, 2005), onde se submerge o arroz recém-nascido e, em seguida, deixa-se a água secar. As raízes das plantinhas seguem a água, alcançando profundidades de 1,5 a 2,0 m. Quando as plantinhas de arroz murcham, soltam água novamente na área. Eles colhem 11 a 12 t/ha;

b) o SRI (*Système de Riziculture Intensive*) em Madagascar (Rabenandrasana, 1999), onde se planta o arroz com espaçamento de 40 x 40 cm. Aqui se irriga e seca o campo durante três meses, mantendo o solo sempre arejado. Somente quando as plantas soltam as panículas se deixa a água no campo. Colhem 16 a 18 t/ha;

c) o sistema maranhense (Santa Inês) (Kowarick, 1998), onde se planta arroz nas beiradas das poças de água que permanecem depois das enchentes. Cada vez que 1,0 a 1,5 m de terra fica sem água estagnada, vai se plantando da beirada para o centro. Assim se colhe o primeiro arroz quando recém se plantou o último, forçando as raízes a seguir a água que desaparece no solo. Com raízes até 2,5 a 3,0 m de profundidade, colhem 18 a 20 t/ha;

d) na China, plantando duas variedades diferentes de arroz em linhas alternadas, de modo que uma variedade pode enraizar também o solo explorado pela outra variedade, dobrando, assim, o espaço radicular e colhendo 80% a mais (Ching, 2004; Yoon, 2000).

Atualmente

Em enormes áreas desmatadas, plantam-se monoculturas sem uso de matéria orgânica, com três nutrientes quimicamente refinados (NPK) após correção do pH do solo para neutro, por meio da calagem, usando-se herbicidas e defensivos químicos (agrotóxicos). Com isso, morre a maior parte da microvida, permanecendo somente algumas poucas espécies que conseguem utilizar as excreções radiculares e a palha desta monocultura, desequilibrando os nutrientes.

A planta necessita de 46 nutrientes (17 essenciais, quatro benéficos, dois que podem interferir, três úteis para algumas espécies e mais 20 se a planta for alimento para animais) e recebe somente três. Quanto mais desequilibrados os nutrientes estiverem, tanto mais aminoácidos livres e açúcares redutores circulam na seiva das plantas, tanto mais pragas e doenças (aumentando anualmente) atacam as plantas. Como decorrência, temos que alimentos de baixo valor biológico e poluídos pelos agrotóxicos e metais pesados aumentam as doenças nos seres humanos.

A calagem intensa, praticada nesse tipo de agricultura, faz com que os agregados do solo se desagreguem, tornando o solo adensado, especialmente onde não ocorre retorno adequado de restos vegetais (Prado, 2000; Soprano, 2002).

Deixando o solo limpo, exposto ao impacto das chuvas, ele se compacta ou adensa, e pela insolação direta pode aquecer até 74°C, na superfície. A água da chuva escorre da superfície compactada causando: *erosão – enchentes – seca*. Rios, poços e represas ficam sem água. A população vive, alternadamente, flagelada pelas enchentes e pelas secas. Começa a faltar água doce residente no planeta Terra. O vento entra livremente nas áreas desmatadas, levando até 750 mm/ano de umidade. Rios, lagos e mares tornam-se poluídos ou "eutrofizados", gerando zonas mortas. Há desertificação dos solos em uso agrícola e pastoril (anualmente, ao redor de 10 milhões de hectares) por causa da compactação ou adensamento da superfície dos solos (água escorre e o vento aumenta), pois a terra se torna impermeável e quente (gera térmicas; grande amplitude térmica durante o dia).

Por fim, enquanto aumenta a produção de grãos e os confinamentos de gado de corte, crescem assustadoramente a pobreza humana, a desigualdade social e a fome. No Brasil, em 1950 não havia nenhuma pessoa faminta; em 2000, eram 53 milhões de famintos (com alimentação abaixo de 1.800 calorias por dia); no mundo: em 1950, havia 25 milhões de pessoas famintas; em 2000, eram 820 milhões, isto é, a cada sete pessoas, uma está faminta.

2. AGROECOLOGIA/ AGRICULTURA NATURAL

Somente trocando os fatores químicos por orgânicos, certamente é um processo orgânico, mas ainda não é agroecológico:

• trocam-se NPK por composto, acreditando que seja um coquetel de minerais orgânicos de pronta disponibilidade, mas a planta não absorve composto;

• nos trópicos, por causa da decomposição muito rápida, o uso de palha tem o mesmo resultado, ou até melhor, pois permite a ocorrência da fase de atividade das bactérias celulolíticas que produzem geleia bacteriana (ácidos poliurônicos ou açúcares) que agregam as partículas sólidas individuais ou aglutinadas do solo;

• não se dá a devida atenção onde a natureza coloca sua matéria orgânica, que sempre é na superfície do solo, constituindo a serapilheira;

• continua-se combatendo sintomas como pragas e doenças, embora com venenos menos tóxicos (Piretroides e Rotenona, mesmo orgânicos, são proibidos). Com inimigos naturais ou feromônios, as plantas continuam doentes. Ecológico é prevenir os parasitas;

• usam-se métodos de combate à erosão e ao escorrimento superficial da água, em lugar de permeabilizar o solo;

• continua-se trabalhando com um solo muito decaído e por vezes morto biologicamente, em lugar de recuperá-lo;

• continua-se com o enfoque fatorial em lugar de usar o holístico-sistêmico;

• produz-se alimentos com um valor biológico muito baixo, com muitas substâncias parcialmente ou meio-formadas como, por exemplo, aminoácidos onde deveriam ter proteínas, em lugar de procurar produzir alimentos de alto valor biológico;

• não se consegue manter a saúde vegetal nem a saúde humana, embora os alimentos possuam resíduos menos tóxicos.

Na agricultura natural (apregoada por Mokiti Okada), ecológica, se corretamente feita, os produtos são superiores aos da agricultura convencional, tanto em tamanho, sabor, odor e cor, sendo de melhor conservação.

3. OS CONCEITOS BÁSICOS DA AGROECOLOGIA TROPICAL

É lógico que a agricultura não pode conservar os ecossistemas naturais. Mas ela pode tentar instalar ecossistemas simplificados próprios aos trópicos, e que afetem o mínimo os serviços ecossistêmicos essenciais à produção e à vida superior. Pode usar métodos que, no mínimo, tentam manter o máximo de vida diversificada e a saúde do solo. A planta tira sua vida do solo e dá vida a ele. Por isso, Ernst Götsch (Agendagotsch, 2015) afirma: "Não é a qualidade (química) do solo que decide a produção, mas a densidade e diversidade dos indivíduos da comunidade florestal ou frutífera, quando plantado no 'fluxo da sucessão', ou seja, quando árvores de uma sucessão mais adiantada (como as plantas pioneiras) 'puxam' os de uma sucessão mais atrasada", num processo sintrópico.

A agrossilvicultura, onde se alternam campos com bosques, e o sistema de plantar na sombra das árvores, talvez cheguem mais perto do natural. Mas obedecendo aos seis conceitos básicos da agricultura tropical já se garante colheitas sadias e abundantes.

Na fruticultura, a "floresta enriquecida", implantando-se frutíferas na mata raleada, é outro sistema promissor.

Os seis pontos básicos da agricultura orgânica-natural nos trópicos são:

1. Agregar o solo. Para isso se necessita o suficiente em matéria orgânica, sendo especialmente ativos todos os tipos de palhada e restolhos, e de raízes de capins; mas também de adubos verdes, especialmente os mais fibrosos e quando, por algum tempo, em forma roçada, cobre-se o solo com uma camada protetora. A agregação exige a aplicação superficial da matéria orgânica, onde as bactérias são ativas e produzem geleias coloidais. Os compostos, quando biologicamente estabilizados, não fornecem esse tipo de serviço ecossistêmico.

2. Proteger o solo. Esta proteção contra o aquecimento, o dessecamento e o impacto das chuvas é fundamental nos trópicos para que o solo não forme uma crosta superficial nem uma camada adensada (*hardpan*) em pouca profundidade, que limita o espaço das raízes. Esta proteção pode ser feita por um *mulch* ou cobertura morta de restos de culturas picadas (como no sistema Plantio Direto na palha). O *mulch* mantém a temperatura do solo mais baixa (Figura 4) e ainda se consegue colher razoavelmente quando o solo estiver seco (Tabela 7). Outro método é o plantio mais adensado, que é usado especialmente no café (superadensado), mas também nas verduras, algodão, milho e outras culturas. Só não pode ser usado no arroz e na soja. A proteção do solo também pode ser feita por plantio consorciado, como se usava antigamente, por meio de lonas, como se usa em canteiros de moranguinhos, ou por meio de arborização. Bem como o plantio intercalar de, por exemplo, algodão e arroz de sequeiro entre as linhas de pomar de citros em desenvolvimento (Foto 4).

Foto 4 – Cultura intercalar de algodão e arroz em pomar novo de citros

Fonte: Arquivo pessoal de Odo Primavesi

Figura 4 – Variação de temperatura (amplitude térmica), em 15 cm de profundidade, em solo nu (bar; descoberto) e coberto com *mulch* (sombreado), sob condições tropicais (novembro 1997). Apresenta o comportamento da radiação de ondas longas (caloríficas) do solo. Mostra que é possível administrar temperaturas extremas

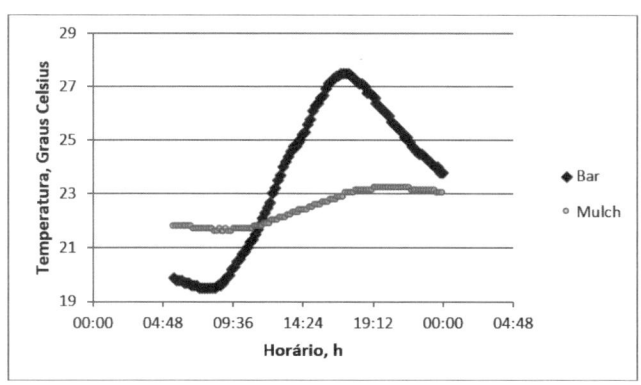

Fonte: Andre Torres (1997), em Primavesi (2013)

Tabela 7 – Efeito de diferentes tensões de água no solo, com e sem cobertura morta, na produção de alho

Tensão de água	Produção		Diferença
	sem cobertura morta	com cobertura morta	
(Atmosfera)	kg/ha		%
0,5	11.909	14.556	22,2
1,0	10.029	13.973	39,3
2,0	8.181	9.872	20,7
15,0	3.255	7.483	129,9
Redução para, %	27,3	51,4	

Fonte: Leopoldo & Conceição (1975), em Primavesi (2013) Obs: 15 Atmosferas = Ponto de murcha permanente A cobertura morta reduz a temperatura no solo

3. *Aumentar a biodiversidade*, que inclui especialmente a rotação de culturas e a adubação verde diversificada. Porém, neste sistema, é muito importante que não se usem cultivos alelopáticos, ou seja, de espécies hostis entre si. Na parte "Manejo da matéria orgânica" é apresentada uma lista de cultivos que são hostis, como feijão e todas as leguminosas com cebola e alho, ou batatinha com girassol, que se arrasam mutuamente.

Antigamente, todos os agricultores plantavam milho, feijão, mandioca e abóbora juntos, com boas colheitas e sem doenças.

As melhores rotações têm quatro a cinco culturas incluídas. Mas duas culturas já são melhores que uma monocultura, como, por exemplo, de soja. Dizem que o cultivo de milho dá menos lucro que o de soja. Mas os benefícios da rotação, especialmente o retorno de grande quantidade de material orgânico mais resistente à decomposição, aumentam o rendimento da soja e devolvem não somente o lucro perdido, mas trazem ainda um lucro adicional.

A arborização, especialmente em pastagens, traz muitas vantagens porque o conforto do gado é recompensado por uma produção muito maior.

Outro tipo de biodiversidade é plantar, em linhas alternadas, duas variedades diferentes da mesma cultura. Como cada variedade possui um sistema de absorção diferente e excreta substâncias diferentes pelas raízes, valem como duas espécies distintas. Os "monocultivos" de um ou outro cereal em estado natural se fundamentam neste princípio. Pela seleção natural não existe aqui uma única variedade, mas um conjunto de variedades diferentes adaptadas a cada mancha de solo e condições microclimáticas, e que garantem praticamente a biodiversidade, "e, por isso, a estabilidade produtiva por dezenas e centenas de anos". Constituem "monocultivos" de uma espécie, mas com cinco a oito "variedades", uma população que amplia a base genética.

4. *Aumentar o sistema radicular*

a) evitando impedimentos físicos, como lajes subsuperficiais e compactações;

b) fortalecendo as raízes pela aplicação de boro (entre 8 até 30 kg/ha de bórax, conforme o solo e o cultivo). Assim, plantadores de citrus controlam seu "amarelinho" (CVC ou clorose variegada dos citros, causada pela bactéria *Xylella fastidiosa*) pela aplicação de boro, bem como os plantadores de goiaba controlam a maior parte das doenças desta cultura. Não porque o boro vá agir diretamente nestas doenças, mas porque ele faz as raízes aumentar muito e ficarem mais vigorosas; com isso, a planta encontra mais facilmente o mineral que estiver deficiente;

c) plantando variedades diferentes, provocando um aumento horizontal das raízes;

d) deixando as raízes seguirem a água que recua no solo, em profundidade, aumentando o comprimento radicular;

e) plantando cultivos consorciados;

f) reduzindo impedimentos químicos, como de alumínio tóxico, por meio de adubação orgânica e aplicação de carbonatos ou silicatos;

g) reduzindo impedimentos biológicos, como de pragas de raízes, por meio do enriquecimento do solo com material orgânico diversificado.

5. *Manter a saúde vegetal pela alimentação equilibrada* (Trofobiose);

6. *Proteger os cultivos e pastos contra o vento e as brisas constantes.* A proteção contra o vento aumenta a umidade na paisagem. Estes renques "quebra-vento" podem ser feitos de plantas anuais como milho ou sorgo, por plantas arbustivas como guandu ou bananeiras ou árvores como leucena, grevilha, eritrina e outras. Deve ser lembrado que evitando solo descoberto, de modo que não esquente muito, evita-se as térmicas geradoras de brisas locais.

As diferenças entre a agricultura ecológica (evita sintomas) e a convencional (combate sintomas), de modo geral, estão apresentadas na *Tabela 8*.

Tabela 8 – A diferença entre agricultura ecológica e agricultura convencional

Sintomas	Agricultura agroecológica	Agricultura convencional
Crostas, lajes, compactação e erosão	Aração mínima ou plantio direto	Trabalho profundo com arado ou enxada rotativa
Aquece e compacta	Solo protegido	Solo limpo
Aquece e compacta, usam irrigação	Plantio adensado, *mulch*, consorciação	Solo exposto ao sol e chuva
Pragas e doenças	Biodiversidade: rotação, adubação verde	Monocultura
Destruição dos agregados e macroporos, vida do solo fraca	Retorno da matéria orgânica	Queima da matéria orgânica
Plantas mal nutridas, deficientes e doentes	Composto da matéria orgânica (macro e micronutrientes)	NPK; calagem
Solos secos – Irrigação	Reflorestamento; quebra-ventos	Desmatamento – vento e desertificação
Compactação, erosão e abandono dos solos	Uso criterioso de máquinas	Uso indiscriminado de máquinas pesadas

4. EXEMPLO DE CICLOS

Os dois ciclos mais conhecidos são o da vida e o da água

O ciclo da vida

Esse ciclo (Figura 5) inicia-se pela transformação de energia solar livre (especialmente as radiações azul e vermelha), a luz, em energia química, a matéria orgânica. As plantas são os únicos seres deste mundo que conseguem esta transformação. Elas captam a energia luminosa e, com ajuda de gás carbônico que recebem do ar e de água (Figura 6 – ciclo da água) que recebem pela raiz, com ajuda de catalisadores, os minerais, conseguem a transformação de energia livre em energia material. Por isso Einstein disse que "os limites entre energia e matéria são como as ondas do mar, modificando-se constantemente". A captação de energia e sua transformação em matéria é chamada de fotossíntese, por transformar luz em matéria, em duas etapas: luminosa ou fotoquímica e escura ou química. (Vale lembrar que em condições anaeróbias, existem bactérias que realizam a quimiossíntese pela qual se transforma a energia liberada pela oxidação de substâncias inorgânicas, como enxofre e amônia, existentes no meio em que vivem em energia química.) As plantas de clima temperado iniciam sua fotossíntese formando glicose como primeiro produto, contendo três carbonos (gerando ácido 3-fosfoglicérico), chamando-se, por isso, "ciclo C-3" ou, segundo seu descobridor, Ciclo de Calvin. Já as plantas tropicais, em sua maioria, iniciam a fotossíntese com ácidos orgânicos, como o pirúvico, málico, aspártico e semelhantes, os quais necessitam da presença de muito menos CO_2, que rareia nas horas quentes do dia, quando os estomas das folhas estão praticamente fechados. Chamam-se estas plantas de C-4 porque iniciam sua fotossíntese com quatro carbonos (malato ou aspartato) ou, segundo seus descobridores, Ciclo de Hatch/Slack (Mengel e Kirkby, 1978), isso graças a uma alteração na estrutura da bainha vascular da folha, ou a estrutura de Kranz, uma camada adicional de células que envolve os feixes vasculares. Esse sistema, complementar à via C-3, permite à folha captar CO_2 (pela enzima Fosfoenol piruvato carboxilase ou PEP carboxilase) e armazenar na forma de ácidos com quatro carbonos antes de serem utilizados pelo complexo enzimático Rubisco (Ribulose 1,5 bifosfato carboxilase), ocorrente no ciclo de Calvin.

Figura 5 – Ciclo da vida:
planta – solo – micro-organismos – vida do solo – água – ar – minerais

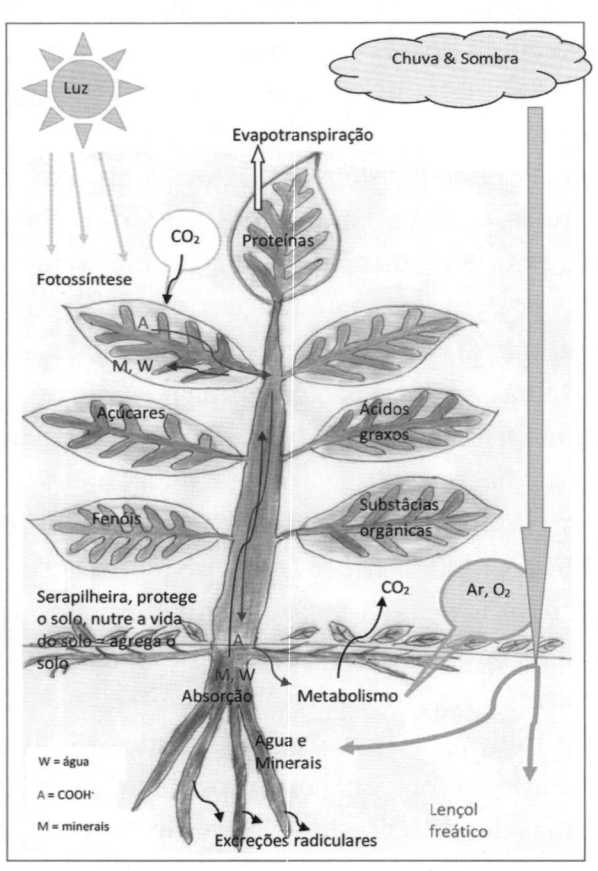

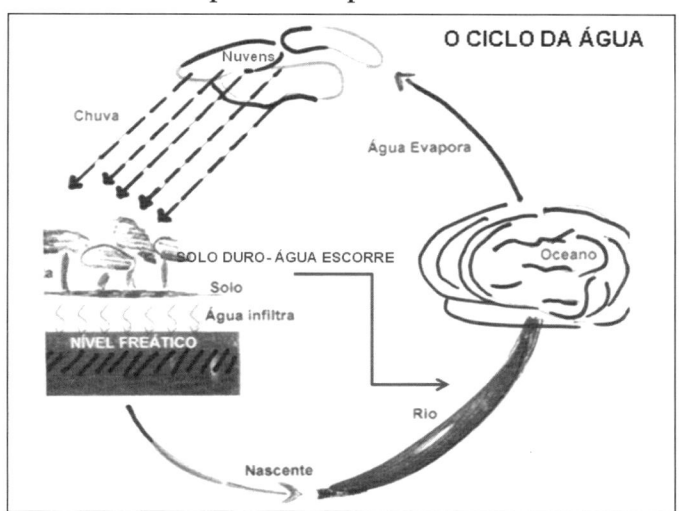

Figura 6 – Ciclo da água, longo quando normal, e curto quando interrompido por solo impermeável

Destes produtos primários se formam todas as substâncias das plantas, como açúcares, de alto peso molecular, ácidos graxos, fenóis, fitoalexinas, proteínas, vitaminas, flavinas e outras, em inúmeras reações químicas. Mas como o metabolismo vegetal se inicia no colo da raiz, a glicose ou o ácido primário tem de ser transportado para lá.

Praticamente todas nossas plantas de cultivo pertencem ao *ciclo Calvin*, quer dizer, iniciam sua atividade com glicose. E esta não é móvel dentro da planta. Portanto, tem de ser transformada ou convertida em açúcar móvel, como a sacarose, que é capaz de descer à raiz. Esta conversão se faz na presença de boro, por isso esse elemento é tão essencial para a vida das plantas.

Para a fotossíntese, a planta recebe água e minerais do solo. Em contrapartida, ela joga suas folhas mortas ao solo que nutrem sua vida, formam agregados e permitem a entrada de ar e de água, essenciais para a vida das plantas. De nossas plantas cultivadas, somente o arroz é capaz de captar oxigênio pelas folhas e transportá-lo através do aerênquima para o colo da raiz (que seria como o pulmão da planta;

as raízes seriam os intestinos; e a rizosfera, camada fina de terra em volta da raiz, seria o estômago), onde se inicia a metabolização de substâncias orgânicas na planta. Mas este transporte lhe custa um esforço muito grande e baixa sua produção em 30%.

Portanto, a planta necessita de ar (oxigênio) no solo. A microvida não somente forma os agregados e macroporos, mas também mobiliza nutrientes. A planta, por sua vez, excreta substâncias que nutrem esta vida.

Mas como os micro-organismos têm de absorver sua alimentação através da membrana que envolve seu corpo, este alimento tem de ser digerido fora do corpo para poder ser absorvido. E esta digestão se faz por meio de enzimas. Bactérias têm uma, fungos, até quatro, insetos, normalmente duas. Estas enzimas são "programadas" para digerir determinadas substâncias, ou seja, estruturas químicas simples (micromoléculas).

É uma restrição muito rigorosa. E nenhuma enzima de micróbios ou insetos serve para substâncias completas (macromoléculas), formadas pelas plantas. Somente podem atacar substâncias semiacabadas, como aminoácidos, mas nunca proteínas. Eliminam tudo que é morto, fraco, doente e velho, mas nada que esteja em pleno vigor.

Erosão hídrica (ciclo curto da água)

Em condições naturais, com solo permeável e protegido, com grande rugosidade sobre a superfície do solo, o ciclo da água é longo (chuva-interceptação-infiltração-evapotranspiração-chuva-infiltração..., ou seja, a água demora a voltar ao oceano). Quando a água não consegue infiltrar no solo, ela escorre provocando deflúvio ou escorrimento superficial (Foto 5) e erosão (Foto 6). A água volta logo ao mar, constituindo um ciclo curto de água. Quando o ciclo da água é curto, ocorre maior número de eventos de períodos secos e secas mais prolongadas. Existem ocorrências maiores de enchentes e de secas, bem como eliminação da camada fértil do solo.

Foto 5 – Terraços em nível cheios de água de chuva que não escorreu superficialmente, mas ainda não conseguiu infiltrar

Fonte: Arquivo pessoal da autora

Foto 6 – Campo de soja com erosão por causa de rompimento de curvas de nível

Fonte: Arquivo pessoal de Odo Primavesi

5. COMO É UM SOLO SAUDÁVEL

Um solo saudável é agregado (partículas sólidas constituintes formam agregados), grumoso, com um sistema macroporoso (pelo menos 10%) por onde entram e circulam ar e água, e as raízes podem penetrar.

Não tem *hardpans* ou lajes subsuperficiais que impeçam o desenvolvimento radicular e que estagnam a água infiltrada. Não possui crosta superficial, nem adensamentos ou compactações, e não existe erosão hídrica nem eólica (provocada pelo vento).

Ele é limpo, quer dizer, sem resíduos tóxicos ou metais pesados, e tem seus nutrientes em equilíbrio, de modo que as plantas que nele crescem são saudáveis, sem pragas e doenças e que produzem produtos de elevado valor biológico.

6. COMO EXAMINAR UM SOLO

A superfície do solo

Não pode apresentar crostas (Foto 3) ou areia lavada nas depressões do campo (Foto 7), nem pode estar rachada (Foto 8). Não pode apresentar torrões angulosos virados à superfície após aração (Foto 9), nem voçorocas de erosão (Foto 10).

Foto 7 – Um campo com terra sem estrutura granular, preparado mecanicamente e não protegido superficialmente, plantado com soja, mostrando encrostamento superficial e deposição de areia

Fonte: Arquivo pessoal da autora

Foto 8 – Solo rachado, sem estrutura

Fonte: Primavesi (1980)

Foto 9 – Um solo compactado, anaeróbico lavrado

Fonte: Arquivo pessoal da autora

Foto 10 – Erosão hídrica intensiva em sulco, já na forma de voçoroca

Fonte: Arquivo pessoal de Odo Primavesi

Na superfície do solo, pode-se observar:

1. a cobertura, que pode ser arbórea; plantas espontâneas, uma cultura mais ou menos espaçada; restolhos; *mulch* (cobertura morta por palha, restos vegetais (Foto 11), bagaço, pó-de-serra etc.), como usado no Plantio Direto na palha;

2. grumos (Foto 1), torrões poliédricos (Foto 9), crostas, fissuras e rachaduras (Foto 8), areia lavada para os sulcos (Foto 7) e argila nos camalhões;

3. erosão hídrica e eólica (pelo vento); (Fotos 12 e 13);

4. rastros de maquinário;

5. deposições de minhocas (Foto 14).

Foto 11 – Restos culturais de lavoura de trigo

Fonte: Arquivo pessoal de Odo Primavesi

Foto 12 – Tempestade de poeira de erosão eólica, no Oeste baiano, em 2016

Fonte: Arquivo pessoal de Gabriel Barbosa Junior

Foto 13 – Tempestade de poeira na região de Londrina

Fonte: Arquivo pessoal de Odo Primavesi

Foto 14 – Coprólitos de minhocas em plantio direto

Fonte: Arquivo pessoal de George Brown, Embrapa Soja

O estado da superfície do solo indica o grau de estabilidade da estrutura e conservação do solo.

Na superfície, os agregados têm de suportar o impacto das chuvas, aquecimento e ressecamento pelo sol, e a pressão das máquinas, bem como o pisoteio dos animais.

Se a estrutura grumosa for recém-formada (pela matéria orgânica) ela suporta a chuva, embora também seja prensada (compactada) pelas máquinas. Se a estrutura for frágil, sem ou baixo teor de matéria orgânica, ela desmancha, com dispersão aleatória das partículas sólidas, encrosta, e a argila que é lavada para dentro do solo entope os macroporos, sobre a superfície espelhada, pouco permeável, chamada "sola de trabalho", "pé de arado", "pé de grade" ou mesmo "pé de enxada" rotativa, e forma uma laje, de baixo para cima.

A umidade do solo

A absorção de água pelo solo depende de sua textura (Tabela 9) e estrutura. Solos adensados resultam em erosão e escorrimento superficial da água (Fotos 5 e 6)

O grau de umidade do solo é importante para qualquer trabalho mecânico, como capina, aração, gradeação ou trabalho com enxada rotativa, aplicação de composto etc.. Pode ser determinada de forma grosseira pelo manejo de uma amostra de terra (Fotos 15, 16 e 17). Para maior precisão pode-se determinar o grau de umidade pelo *"moisture teller"*, aparelho simples, cônico, que se introduz no solo e indica a porcentagem de umidade. O nível ideal de umidade para cereais é de 60% e, para todas outras culturas, de 80% de umidade. Nenhuma cultura, com exceção do arroz inundado, aprecia uma umidade do solo de 100% ou mais de sua "capacidade do campo". Solos superirrigados ou mal drenados são desfavoráveis para a produção agrícola, sempre baixando o rendimento, pois vai faltar oxigênio para a respiração, no nível do colo da planta.

Tabela 9 – Infiltração de 75 mm de chuva (ou água de irrigação) num solo, conforme textura

Textura do solo	Até profundidade (cm)
Arenosa	120
Areno-barrenta	75
Argilosa	60
Argila pesada	30

Fonte: Donahue *et al.* (1971)

Foto 15 – Muito seco. Necessita-se muita força para quebrar os torrões. Uma lavração requereria muita energia e iria produzir torrões

Fonte: Hasinger (1993)

Foto 16 – Úmido. Os torrões esmigalham à pressão leve. É ideal para lavrar, o solo cai em grumos. Cuidado para não compactar o solo pela máquina. Vale lembrar: passar o mínimo possível com a máquina sobre o campo

Fonte: Hasinger (1993)

Foto 17 – Molhado. A terra é moldável e barrenta. Existe excesso de umidade. O solo suporta mal o peso das máquinas e se compacta na superfície. *A umidade é o principal fator de compactação.* Tem de esperar com a lavração até o solo secar um pouco

Fonte: Hasinger (1993)

Verificou-se que a brisa constante (não precisa ser vento forte) pode levar um equivalente de até 750 mm de chuva/ano. Isso significa que, numa região com 1.300 mm/ano de chuva, permanecem somente 550 mm/ano, ou seja, 42%, o que significa que ela se torna semiárida apesar da quantidade suficiente de precipitações. Em regiões completamente desmatadas, como nas estepes, a brisa pode levar até 73% da umidade. A brisa ou vento, em solo desprotegido, reduz drasticamente a umidade do solo (Figura 1). Na irrigação por aspersão (inclusive pivô central), se evaporam de noite 40% da água aspergida, e, em dias quentes, até 60%.

A Tabela 10 mostra o efeito do vento no desenvolvimento da espécie arbórea *Robinia pseudoacacia*.

Tabela 10 – O efeito do vento (brisa de 3,5 m/s) sobre a umidade do solo e o crescimento de *Robinia pseudoacacia* (Satoo, 1948, *apud* Grace, 1977)

Características	Umidade solo (%)				Redução de (%)
	80		40		50
	Sem vento	Com vento	Sem vento	Com vento	
Peso da parte aérea (g)	688	368	358	118	33
Peso das raízes (g)	111	69	67	23	83
Altura (mm)	258	144	156	43	79
nº de folhas	15,4	13,8	13	10	83
Distância dos entrenós (mm)	20	12,5	14,3	5,1	74

O vento

A água transpirada pelas plantas satura pouco a pouco o ar ao redor. Se o ar está saturado de umidade a planta não pode mais transpirar e não perde mais água, para atender a demanda atmosférica. Aqui vale a pena lembrar que sem transpiração não há absorção de cálcio do solo, transportado de forma passiva pela corrente transpiratória: solo-ponta das raízes-folhas-atmosfera. Também vale lembrar que a planta pode parar de transpirar por falta de água no solo, ou porque a água está acima de 33°C, parando a absorção de água.

Se o vento (também uma brisa) leva constantemente a umidade transpirada pela planta e evaporada pelo solo para o ar, ele age igual a uma bomba: remove a umidade e provoca a perda de mais água da planta e do solo. No Brasil, o vento pode levar por ano até um equivalente de 750 mm de chuva (e nas estepes russas até um equivalente de 820 mm).

A textura do solo e estrutura

Normalmente, preferem-se solos argilosos, por serem mais férteis (mais ricos em nutrientes minerais). Mas os solos amazônicos que deram origem à selva mais frondosa do mundo crescem em areias extremamente pobres. Nos trópicos, a intensidade da vida do solo e a reciclagem rápida da matéria orgânica, com presença de água abundante, são muito mais importantes do que a quantidade de minerais disponíveis por unidade de volume de terra (dm^3).

Estrutura grumosa

Neste caso não se trata da estrutura edafológica encontrada no perfil do solo, mas da estrutura biofísica da camada arável, superficial, ou seja, da "camada de cultivo". Esta se refere-se ao estado e grau de agregação das partículas sólidas da terra, formando os grumos ou grânulos biologicamente estabilizados.

Nos trópicos, os agregados primários formam-se por atração química (floculação) entre a argila e os cátions trivalentes, isto é, o alumínio (Al^{+3}) e o ferro (Fe^{+3}) em estado oxidado (somente em estado "reduzido" são tóxicos). No clima temperado, os agregados primários se formam graças à ação de cálcio (Ca^{+2}) que é somente bivalente e, portanto, muito mais fraco. Porém, estes agregados primários "químicos" são muito pequenos.

Por ação biológica se formam agregados secundários maiores. Esteja ciente: compactações e adensamentos podem ser rompidos mecanicamente e até pulverizados, mas as partículas sólidas do solo nunca poderão ser reagregadas. A agregação é um processo biológico, dependendo do tipo e do teor de matéria orgânica e da atividade de bactérias, especialmente *Cytophagas*.

Para determinar a "estrutura agrícola" de um solo, pega-se um torrão. Se este, por pressão leve, se desmanchar em grumos, o solo é ótimo. A característica de grumos em solos mais ou menos arenosos (latossolos vermelho-amarelo e podzólicos ou argissolos) é que sempre são arredondados e nunca possuem ângulos agudos e faces retas ou superfícies planas. Em solos argilosos se apresentam em formas de poliedros, com faces arredondadas a retas e com ângulos. Quanto mais irregular (menos plana) a superfície, tanto melhor a condição do solo.

O solo que apresenta torrões com faces planas de ruptura indica ser muito decaído biologicamente. Se estes torrões forem quebrados e destorroados mecanicamente obtém-se um campo bem preparado. Todavia, com a primeira chuva instala-se a erosão e forma-se uma crosta superficial (Foto 18) de 3 a 5 mm de espessura, podendo até impedir a emergência das sementes.

Em caso de extremo adensamento (Foto 19 à esquerda), o solo parece "estratificado", isto é, quebra em "camadas horizontais" (Foto 20) ou em blocos tetraédricos (Fotos 21, à esquerda, e 22). Este solo tem de ser recuperado urgentemente. Quem tiver alguma prática determina a textura do solo friccionando-o entre os dedos, determinando a quantidade de areia. A maneira clássica, porém, é determiná-la pela capacidade da terra ser moldada (Tabela 11).

Foto 18 – Crosta espessa formada após semeadura do algodão, cujas plantulas tem dificuldade para emergir do solo, levando a falhas na população

Fonte: Arquivo pessoal de Odo Primavesi

Foto 19 – Solo de cerrado, adensado (à esquerda; morto biologicamente), sob cultura de cana, e poroso, em estado natural (à direita; vivo biologicamente)

Fonte: Arquivo pessoal de Odo Primavesi

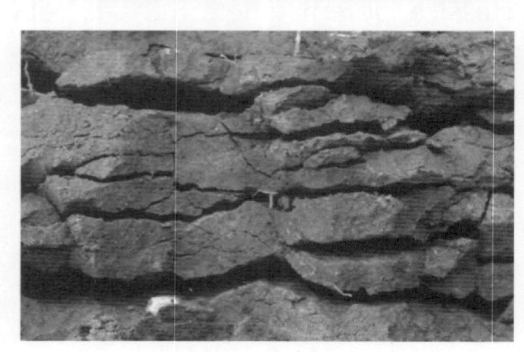

Foto 20 – Estrutura laminar de solo adensado

Fonte: Diez *et al.* (2012)

Foto 21 – Torrão poliédrico de terra que sofreu adensamento, à esquerda, e ao lado o mesmo solo com estrurura granular, com grumos, agregado

Fonte: Arquivo pessoal da autora

Foto 22 – Torrão de terra adensada, impedindo o desenvolvimento normal da raiz pivotante de algodoeiro

Fonte: Arquivo pessoal de Odo Frimavesi

Tabela 11 – Moldabilidade da terra, em função do teor de argila

Atividade			Textura		
Amassar entre os dedos	Modelar	Fazer rolo	Tipo de solo	Tipo de textura	Teor argila %
Apreciação e Resultado					
Arenoso, não adere aos dedos	Fracamente modelavel	Diâmetro do rolo maior que 7 mm	Solo leve	A / Arenosa	0-5
				Fa / Franco Arenoso	5-10
				Fa / Franco Arenoso	10-15
De arenoso a farinhoso; pouco pegajoso	Regularmente modelável	O rolo tem de 2 a 7 mm	Solo mediano	F / Franco	15-20
				Fl / Franco limoso	20-30
				L / Limoso	10-30
				Far / Franco Argilosa	30-40
Pegajoso	Bem modelável	O rolo é menor que 2 mm	Solo pesado	Farl / Franco argilo-limosa	40-50
				Arl / Argilo-limosa	>50
				Ar / Argila	30-50

Fonte: Hasinger (1993)

Formas estruturais

A estrutura é a maneira como os elementos constituintes do solo tendem a unir-se entre si. Distinguem-se quatro tipos de estrutura (Diez *et al.*, 2012; Mach, 2000; Hasinger, 1993).

Geralmente os agregados do solo se encontram soltos e separados entre si. Mas encontram-se em estruturas que podem ser pura ou mista.

a) Estrutura pura

Encontra-se em solos nativos. Em solos arenosos e levemente argilosos encontra-se a estrutura granular (Foto 23, ao se pressionar um torrão ele esmigalha-se em grumos, ricos em matéria orgânica, que têm forma arredondada e um diâmetro de 1 a 20 mm.) e, em solos pesados (argilosos), em poliedros.

b) Estrutura mista

A lavração e o cultivo, mesmo com todo cuidado para com o solo, sempre levam a formas mistas, isto é, uma mescla entre grumos e pequenos torrões subpoliédricos (Foto 24, são grumos em solos argilosos e sinal de boa estrutura. É uma interface entre os grumos e os torrões poliédricos. Seu diâmetro varia de alguns milímetros a 2,0 cm) ou mesmo poliédricos (Foto 25) oriundos de lajes subsuperficiais que se formaram pela migração de silte e argila para dentro do solo (acumulando sobre a sola de trabalho ou pé de arado ou soleira de arado ou de grade ou de enxada rotativa) enquanto o solo estava desprotegido superficialmente. Ou de fragmentos, quando o solo for pobre em matéria orgânica, tendo sido gasta ou oxidada, por meio da animação excessiva da microvida logo após a aração ou revolvimento da terra.

c) Estrutura especial

Ocorre pela aglomeração de partículas minerais (areia ou argila) em solos arenosos e siltosos pobres de matéria orgânica ou por partículas orgânicas em solos turfosos. Ocorrem especialmente após uma aração em solo muito seco ou muito úmido.

Foto 23 – Grumos e
pequenos torrões

Fonte: Hasinger (1993)

Foto 24 – Torrões subpoliédricos: sua
forma é sub-angular

Fonte: Hasinger (1993)

Foto 25 – Torrões poliédricos: com tamanhos de alguns centímetros até
alguns decímetros. Suas faces de ruptura são retas (planas). Eles indicam uma
estrutura decaída

Fonte: Hasinger (1993)

d) Compactações e adensamentos (lajes)

Já ao penetrar da pá, pode-se sentir as compactações (redução de macroporos por aproximação, sob pressão externa, de partículas sólidas, sem alteração no valor da densidade de partículas) e adensamentos (entupimento de macroporos por iluviação de argila; com alteração no valor da densidade de partículas). No perfil, os adensamentos são reconhecidos por serem lajes subsuperficiais sem fissuras nem macroporos, que somente se desfazem ao se usar força. Nelas encontram-se escassas radicelas por faltar o ar. E a água das chuvas encontra uma barreira para sua drenagem.

As compactações e os adensamentos também são identificados quando, a partir de um torrão, se produzem pequenos torrões poliédricos com ângulos agudos e cantos retos, e as *faces de ruptura são lisas e planas*.

Teste de ruptura

O teste de ruptura faz parte da análise da pá. Quando se faz o teste de ruptura (Fotos 26 e 27) é preciso saber como se formam os agregados.

Foto 26 – Pá com bloco de terra boa, grumosa, rompendo nitidamente em três profundidades, relacionadas com soleiras de trabalho de arado (em profundidade, último rompimento) e de grade (superficial), mas com muitos agregados arredondados e superfícies de quebra irregulares, indicando estádio inicial de degradação

Fonte: Primavesi (1980)

A formação de agregados constitui um processo químico-biológico. A argila, com sua carga negativa, atrai *cátions*, como cálcio, ferro, magnésio, alumínio, potássio etc. A carga positiva destas atrai, por sua vez, partículas de argila, formando agregados primários muito pequenos (floculação). Estes agregados são colados por "coloides" ou geleias bacterianas que as unem para formar agregados maiores (secundários) de 0,1 cm até 2,0 cm.

Em seguida aparecem fungos que enlaçam os agregados com suas hifas (micélio) para absorver as geleias bacterianas. Neste estágio, os grumos são resistentes à ação desagregadora da água das chuvas e da irrigação. Quando acabarem as geleias, os fungos deixam as hifas morrerem e daí por diante os grumos são destruídos pelo impacto da chuva, se não houver produção continuada de geleia bacteriana, por falta de material orgânico não biologicamente estabilizado (relação C/N elevada) (Figura 7).

Mas mantêm-se ainda abaixo de uma camada protetora, por meses:

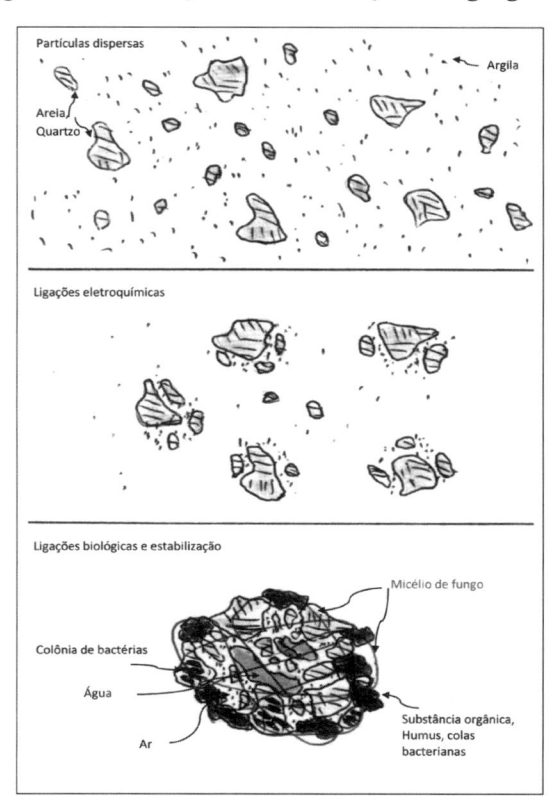

Figura 7 – Formação e estabilização de agregados

Fonte: Primavesi (1980, 2013)

Sinais de interpretação, durante o teste de ruptura:

a) Se o torrão desmanchar em grumos, o solo é ótimo.

b) Se o torrão quebrar com faces irregulares, o solo ainda é razoável, mas já necessita de uma aplicação de matéria orgânica.

c) Se o torrão quebra com faces retas e planas, o solo não dá mais colheitas compensadoras e não reage mais de maneira positiva a uma adubação química. A cultura necessita de muitas aplicações de defensivos, tanto faz se orgânicos ou químicos, e normalmente precisa de irrigação. Neste solo uma recuperação é indispensável, como aplicação de palha (restolhos da cultura anterior), composto, adubação verde com cinco a sete espécies diferentes e que produzam muita massa e, antes de tudo, plantas que rompem a compactação, como crotalária *(Crotalaria juncea)* e guandu *(Cajanus cajan* e *C. indicus),* mas também mucuna preta *(Mucuna aterrima)*. Os materiais mais fibrosos são mais eficientes na agregação do solo.

d) O solo rompe em camadas horizontais, o que indica uma compactação extrema. Pode ser recuperado com guandu, painço, crotalária e sorgo, sendo importante produzir uma camada grossa de *mulch* (cobertura morta) destas plantas cortadas e deixando-as rebrotar (não se pode cortá-las mais baixo que 50 cm, caso contrário, por exemplo, o guandu pode falhar a rebrota). Também pode-se abandonar o campo (pousio) e deixar a natureza recuperá-lo com plantas nativas (formando capoeira).

Se não tiver uma pá reta à disposição, pode ser feita também com um enxadão de, no mínimo, 20 cm de comprimento. E se não tiver "garra" para agitar suavemente a fatia de terra, é possível fazer isso também com as mãos, movimentando cuidadosamente a fatia ou tijolo de terra para que se rompa (teste de ruptura) nos lugares onde muda a estrutura (Fotos 27 e 28) e onde tiver a "sola de trabalho" (Foto 26); pode-se expandir a análise para o perfil cultural (Tavares-Filho *et al.,* 1999), abrindo uma trincheira ou escavando o solo em camadas no campo a ser avaliado (Foto 29); e pode-se fazer um teste mais rápido como o da raiz pivotante, (analisado mais adiante). Pode não haver ruptura (Foto 30).

Análise da pá

Figura 8 – Forma de realizar a análise da pá

Fonte: Gorbing (1944)

Foto 27 – Pá com bloco ou tijolo de terra desmanchando em grumos arredondados, indicando boa estrutura granular

Foto 28 – Pá com bloco de terra sob pastagem com camada superficial compactada por pisoteio, com quebra em torrões de superfície de quebra plana, separando-se da camada inferior não compactada, com terra bem agregada. Indica pastagem que carece de descanso para sistema radicular poder romper bem o solo

Fonte Arquivo pessoal da autora

Foto 29 – Diversas camadas adensadas afetando o desenvolvimento de milho: encrostamento superficial, sola de grade e sola de arado

Fonte: Agco Corporation (2011)

Foto 30 – Pá com bloco de terra não rompida sob pastagem com bom desenvolvimento radicular

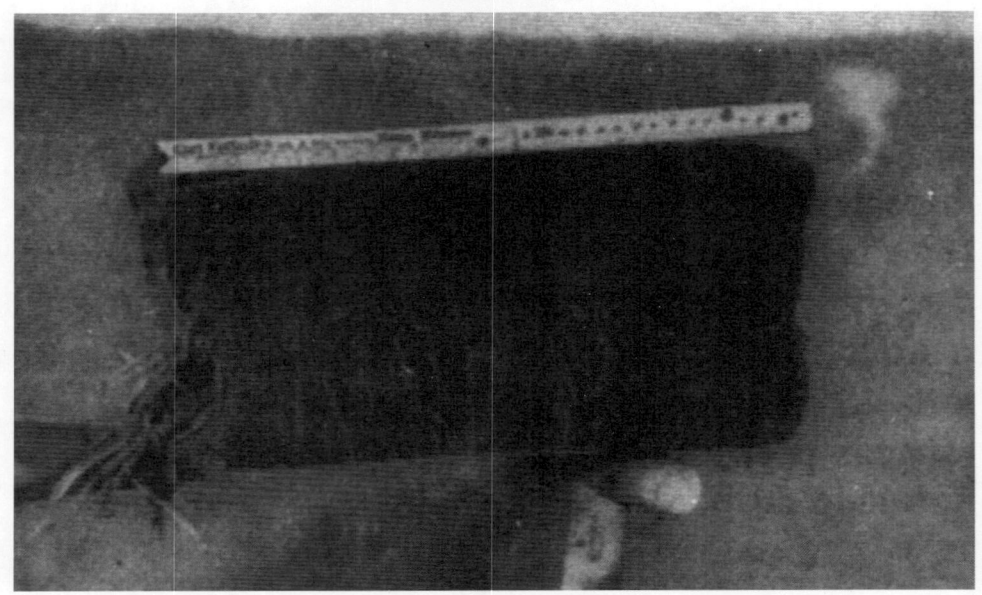

Fonte: Primavesi (1980)

Nem toda ruptura na fatia é causada pela sola de trabalho (Foto 28), onde ocorreu compactação superficial por falta de descanso da pastagem. Reconhece-se a sola de trabalho pela matéria orgânica (ou cinza, se o campo foi queimado) revolvida. Isso ocorre quando o campo foi trabalhado com arado ou grade. Quando o preparo da terra foi feito com a enxada rotativa aparece o horizonte de trabalho, mas a matéria orgânica é misturada com toda camada trabalhada. O efeito sobre os agregados é destrutivo quando se usa a enxada rotativa. O efeito da aração ou grade mais profundo que 15 a 18 cm sempre destrói a estrutura granular do solo. Vale a regra: nunca trabalhar o solo mais profundo do que 2 cm abaixo da camada bem agregada e enraizada. No teste da raiz pivotante ou axial, ela se mantém reta na camada de boa estrutura e se torce ou desvia quando encontra impedimento físico ao seu desenvolvimento. A profundidade de aração também pode ser considerada 2 cm abaixo da torcedura mais forte da raiz pivotante. A fotografia 31 mostra a raiz de nabo forrageiro, que não conseguiu romper uma laje dura a 8 cm de profundidade. Somente uma raiz entrou numa fresta entre torrões; as outras andaram paralelas, acima da laje e duas até cresceram para cima à procura de ar 2 cm abaixo da camada bem agregada e enraizada.

Foto 31 – Raiz de nabo forrageiro encontra barreira física ao desenvolvimento

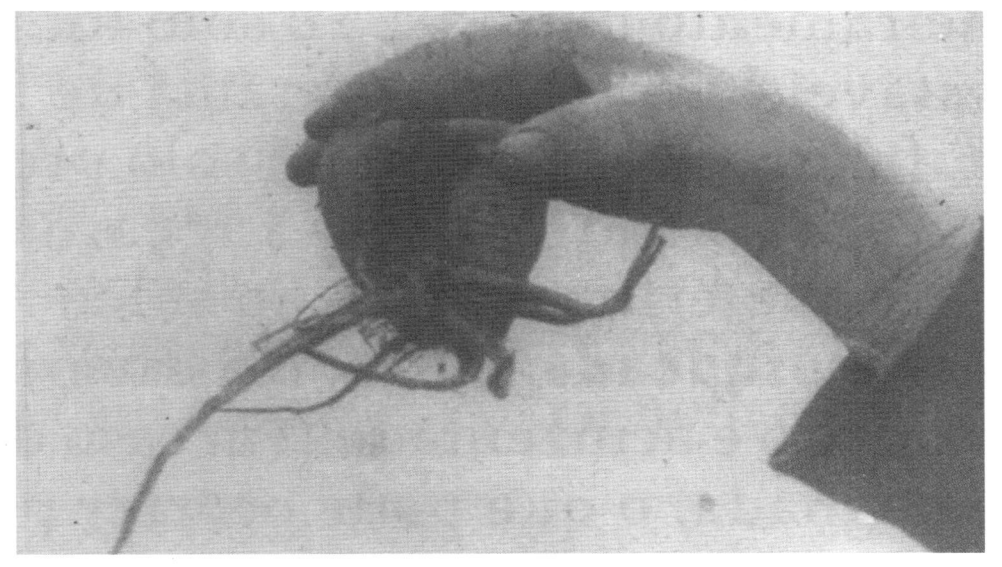

Fonte: Primavesi (1980)

Já a foto 9 mostra um solo completamente compactado na camada arável, sem poros de aeração. Quando é lavrado verifica-se a formação de leivas ou torrões poliédricos de superfície plana e angulosas. O solo da foto 9 rompe em torrões que podem ser mecanicamente destorroados e triturados, mas nunca agregados. Três semanas após o plantio (Foto 7), parte da soja não tinha nascido, por causa de uma crosta de até 5 cm de espessura que se formou na superfície do solo após a chuva. Consequentemente, ocorreu uma erosão pronunciada. A areia foi levada para os sulcos enquanto a argila permanece nos camalhões. A pouca água que se infiltrou neste solo não conseguiu dissolver o adubo químico, que permanece quase intacto.

Com irrigação é possível produzir uma colheita mediana, mas a soja é atacada por muitos parasitas e necessita grande número de pulverizações com defensivos.

Na foto 8 vemos um solo muito adensado, mecanicamente bem preparado. No momento em que ele seca um pouco, racha, porque não possui agregados e macroporos, mas somente pó e torrõezinhos, que às vezes erroneamente são designados como grumos. Mas grumos não possuem superfícies planas e ângulos agudos. Nos grumos tudo é arredondado. Solo rachado sempre é solo *sem estrutura porosa*.

A foto 32 é de um canteiro de repolho. Apesar de ser de um produtor orgânico, o solo encontra-se em péssimas condições, compactado e entorroado. O repolho, que já está sendo colhido, é muito pequeno. O composto enterrado não poderia salvá-lo. Sistema orgânico não significa enterrar composto, mas recuperar o solo para que seja grumoso, macroporoso e produtivo.

Foto 32 – **Canteiro de repolho numa propriedade de** *"Bio-Growth"*

Fonte: Primavesi (1980)

Como se reconhece a "sola de trabalho" ou "pé de arado"

Uma ruptura na fatia extraída do solo somente indica a mudança da estrutura. Normalmente a fatia de terra racha em 8 a 12 cm de profundidade, isto é, onde termina a parte superficial bem agregada e bem enraizada. Segue uma camada adensada, dura, uma laje ou *hardpan* causada pela "imigração" ou iluviação de argila da parte superficial, e que pode ir a 18 cm (e até 25 cm) de profundidade, dependendo da profundidade de aração e a superfície de espelhamento do solo. Se o solo for muito arenoso, esta laje pode formar-se a partir de 30 cm de profundidade, crescendo para cima.

Abaixo dessa camada adensada, o solo geralmente é mais solto, e até agregado, embora não seja estável à água, por falta da atividade biológica agregadora e estabilizadora de agregados (por meio do micélio dos fungos). Quando revolvida à superfície, esta terra se desmancha imediatamente, até pela ação do orvalho. O solo racha acima e abaixo da laje. A "sola de trabalho" pode encontrar-se acima, dentro ou abaixo da laje, caso mais frequente. Se o solo for trabalhado com arado ou grade aradora, existe matéria orgânica ou cinza (se esta foi queimada) acima da "sola de trabalho". Isso também ocorre se foi passada uma grade niveladora para destruir o mato e enterrar a palhada. Neste caso, a matéria orgânica encontra-se entre 6 a 8 cm de profundidade.

Se a terra for trabalhada com enxada rotativa, leve ou pesada, a "sola de trabalho" é mais adensada, os agregados do solo bastante destruídos e despedaçados, mas a matéria orgânica está distribuída por toda a camada trabalhada, e não se encontra acima da sola de trabalho.

Podem-se encontrar também adubos químicos, especialmente quando foram usadas formulações granuladas, como aqueles aplicados abaixo da semente. Na soja encontram-se também os adubos que se colocam em 15 cm de profundidade, e que podem estar dentro da laje, inacessíveis para a raiz da cultura, ou também na camada superficial, se for usada ureia em cobertura. Constata-se que o revolvimento do solo o afrouxa por duas a três semanas, até a próxima chuva mais intensa (acima de 10 mm), mas o revolvimento o destrói em médio prazo, pois acelera a oxidação da matéria orgânica do solo e com isso acaba com a atividade da vida útil do solo.

O solo compactado ou adensado acarreta falta de oxigênio para a planta, resultando em vários efeitos negativos para o desenvolvimento da cultura (Figura 9).

Figura 9 – Efeito da falta de oxigênio sobre a planta (condições anóxicas no espaço radicular), por encharcamento ou adensamento do solo

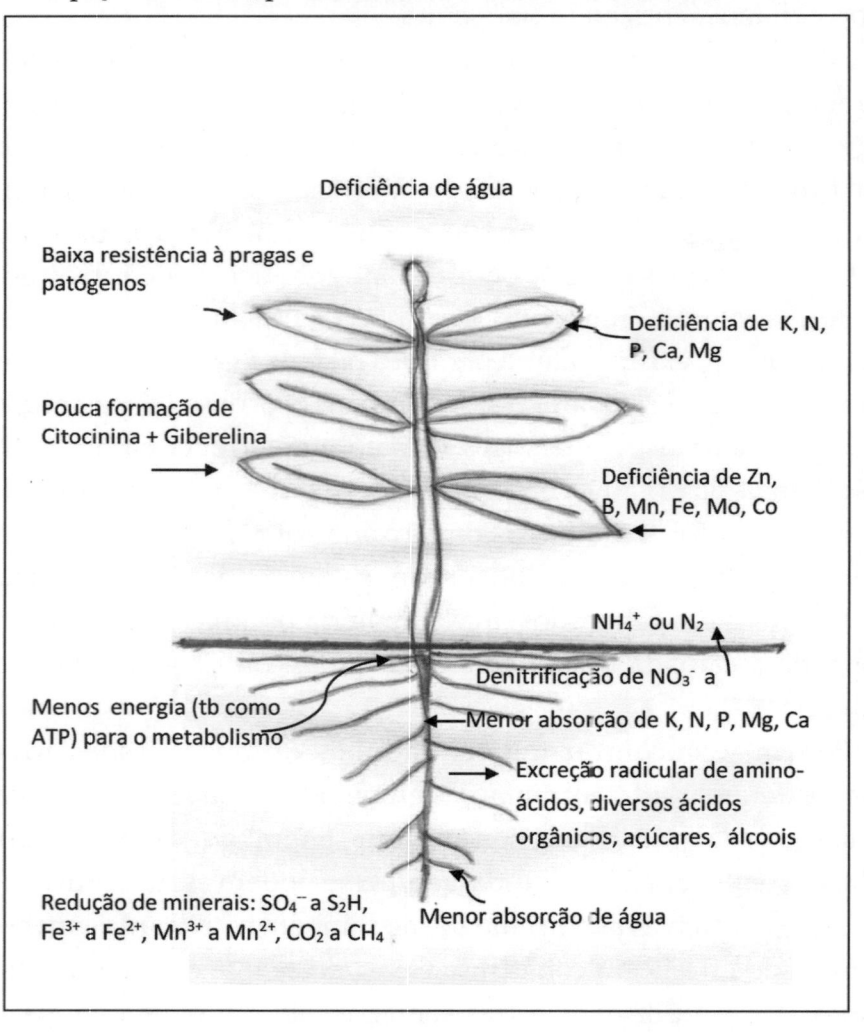

Deficiência de água

Baixa resistência à pragas e patógenos

Deficiência de K, N, P, Ca, Mg

Pouca formação de Citocinina + Giberelina

Deficiência de Zn, B, Mn, Fe, Mo, Co

NH_4^+ ou N_2

Denitrificação de NO_3^- a

Menos energia (tb como ATP) para o metabolismo

Menor absorção de K, N, P, Mg, Ca

Excreção radicular de amino-ácidos, diversos ácidos orgânicos, açúcares, álcoois

Redução de minerais: SO_4^- a S_2H, Fe^{3+} a Fe^{2+}, Mn^{3+} a Mn^{2+}, CO_2 a CH_4

Menor absorção de água

Fonte: Bergmann (1983)

Em solo anaeróbio o nitrogênio nítrico (NO_3) sofre desnitrificação para NO_2 e as formas voláteis NO, N_2O e N_2 ou nitrogênio elementar.

Os macronutrientes K-P-Mg-Ca começam a faltar na sequência mostrada na figura 9.

A respiração da planta, antes aeróbica, agora torna-se fermentativa, liberando somente 29 quilocalorias (120 KJ/mol no total; no processo biológico ocorre liberação de 10% dos ATP produzidos em condições aeróbias) por cada mol de glicose, onde antes liberavam até 693 quilocalorias (2.900 KJ/mol; com eficiência de 40% da energia utilizável no processo biológico, em que são disponibilizados em torno de 36 ATP/mol, cada um liberando 8 Kcal ou 288 Kcal/mol de glicose). Isso significa que a planta possui muito menos combustível (só 10%) para seus processos químicos que, agora, se tornam muito mais lentos. Em consequência disso, produzem menos hormônios de crescimento, como giberelina ou citocinina. A planta cresce menos, é muito pior nutrida, é bem mais fraca e, portanto, atacada por pragas e patógenos que tentam eliminá-la. E tudo por quê? Porque o solo foi arado profundo demais e desprotegido contra o impacto da chuva, adensando-se, tornando-se anaeróbio.

Existem várias maneiras de verificar o anaerobismo do solo:

1. quebrando um torrão, ele rompe com faces retas, planas;

2. pelas plantas invasoras, especialmente guanxuma *(Sida rhombifolia)* que procura romper as lajes duras;

3. por besourinhos que comem as folhas, como as vaquinhas *(Diabrotica speciosa)* e burrinhos *(Epicauta atomaria)* ou diversos tipos de percevejos, que procuram substâncias que são produtos de "respiração fermentativa", como o álcool etílico, também excretadas pelas raízes.

Esteja ciente: nenhum fator existe isoladamente. Cada modificação de um único fator do ecossistema acarreta a modificação também de todos outros fatores. Na natureza tudo é interligado, num equilíbrio dinâmico.

Solos compactados ou adensados (duros)

A foto 33 mostra o volume macroporoso de um solo agregado, e a foto 34 a redução desses macroporos. Em solos com baixo volume macroporoso (abaixo de 10%) mal estruturados (baixo estado e grau de agregação) não somente as raízes têm dificuldades de penetrar, mas também existem condições mais ou menos anaeróbicas, faltando oxigênio para a respiração.

A foto 21 mostra, à esquerda, um solo compactado/adensado, e ao lado, um solo bem estruturado (estrutura granular) e agregado. Na foto 19 o solo de cerrado mostrou boa estrutura granular em estado natural (a direita) e adensou após quatro ancs sob cultivo de cana (esquerda). Na foto 22 verifica-se a dificuldade da raiz de algodão para penetrar no solo sem estrutura granular, adensado, procurando desviar do impedimento físico e penetrar pelas frestas.

Foto 33 – Fotografia microscópica de macroporos em grumos do solo

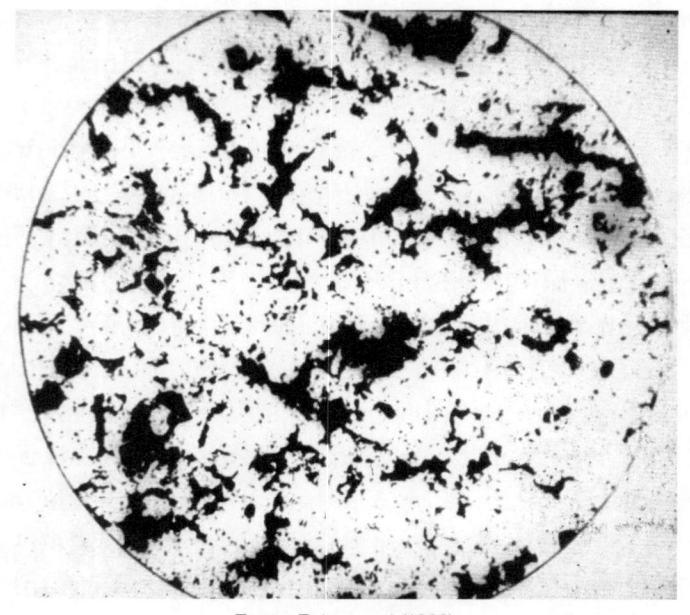

Fonte: Primavesi (1980)

Foto 34 – Fotografia microscópica de porosidade de torrão adensado

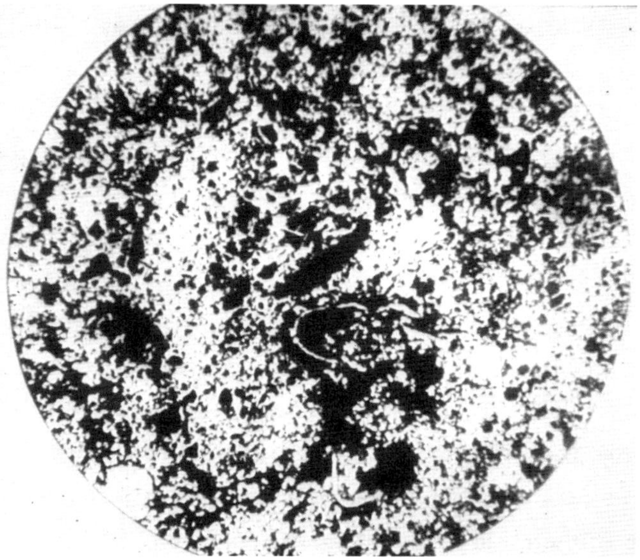

Fonte: Primavesi (1980)

Adensado quer dizer sem macroporos. Neste caso, os macroporos foram preenchidos com a argila lavada da camada superficial, entupindo-os. Isso significa que ar e água entram muito pouco ou nada. O solo é anaeróbio. Mas não é somente o ar que falta para o metabolismo vegetal, ele falta também para os nutrientes que sofrem "redução". Um mineral "reduzido" trocou seu oxigênio por hidrogênio. Por exemplo:

Enxofre: existe normalmente na forma de SO_3 no solo, é indispensável para a nutrição da planta, por fazer parte ativa de proteínas. Em solo anaeróbio, troca seu oxigênio por hidrogênio e torna-se SH_2, ou seja, vira gás sulfídrico. Este é altamente tóxico para as raízes e folhas, podendo causar lesões pelas quais entram fungos que, depois, matam a planta.

Gás carbônico ou dióxido de carbono (CO_2): se forma durante a decomposição da matéria orgânica e que, saindo da terra e sendo captado pelas folhas, é parte essencial para a fotossíntese, isto é, da formação dos primeiros produtos vegetais. Em solo anaeróbio, o carbono também é liberado na decomposição da matéria orgânica, porém, na forma de gás metano (CH_4) que dá ao solo o cheiro típico de pântano.

Ferro (Fe^{+3}): um nutriente indispensável em forma de Fe^{+3}, dá ao solo sua cor vermelha ou amarela, mas se torna tóxico para as plantas em forma reduzida, ou seja, de Fe^{+2}, que aparece no solo anaeróbio, de cor azulada.

Manganês (Mn^{+3}): um nutriente muito necessário para as plantas, torna-se tóxico quando é reduzido a Mn^{+2}. Porém se descobriu que não é pela calagem que se "corrige" o Mn^{+2} tóxico, mas por meio da adição de matéria orgânica que agrega o solo, permitindo seu arejamento.

O adensamento ou a compactação do solo ocorre:

a) pelo revolvimento do solo, estimulando em excesso a atividade biológica do solo na degradação da matéria orgânica;

b) pela realização de uma calagem "corretiva" pesada, que desativa o poder agregante do alumínio e acelera a "queima" ou oxidação da matéria orgânica;

c) pelo trânsito de máquinas pesadas sobre solos com umidade elevada;

d) pela adubação pesada com NPK anterior ao cultivo orgânico (Klinkenborg, 1995);

e) pela falta de matéria orgânica. Por exemplo: mudas replantadas que permanecem no substrato do saquinho ou da bandeja.

Necessidades do solo

O solo tropical necessita:

1) do máximo de matéria orgânica (por causa da reciclagem rápida). Tanto faz se for na forma de composto, palha, adubação verde ou outras;

2) de proteção constante contra a insolação direta e o impacto da chuva. Esta proteção pode ser feita:

• por uma camada de palha (*mulch*), como no Plantio Direto na palha;

• por um plantio mais adensado (como no café, milho, hortaliças etc.);

• por uma cultura de cobertura, como *Arachis pintoi*;

• por cultivos consorciados, como milho adicionado ao feijão de porco (ou soja); algodão adicionado ao trevo; arroz acrescido de centrosema etc.;

• ou simplesmente por ervas invasoras não prejudiciais, como caruru *(Amaranthus viridis)*, beldroega *(Portulaca oleracea)*, picão-preto *(Bidens pilosa)* e picão-branco *(Galinsoga parviflora)* etc.; ou mesmo deixar a área em pousio ser coberta por vegetação sucessional;

• por uma proteção superficial, podendo ser com uma lona plástica, como nos canteiros de moranguinho; a lona tem de ser preta ou prateada. Com lona incolor, transparente, contribui-se com o superaquecimento do solo, esterilizando-o (solarização).

De qualquer maneira o *solo* tem de ser *protegido* contra o *aquecimento excessivo* e o *impacto da chuva*.

A temperatura ideal do solo tropical é 25°C. As plantas absorvem água somente até 32°C no espaço radicular (Figura 10). Nos trópicos, em solos não protegidos, a temperatura na superfície do solo alcança facilmente 59°C e pode chegar até 74°C, e na África até 84°C;

3) manter uma concentração baixa de nutrientes na solução do solo, procurando compensar sua "pobreza" pelo desenvolvimento melhor das raízes, explorando maior volume de solo. Com poucos íons por dm^3 de solo, mas com raízes profundas e profusas, a produção é de três a cinco vezes maior do que em solos "ricos", com CTC e saturação por bases elevada;

4) garantir raízes fortes e bem desenvolvidas somente em solos bem agregados, sem lajes duras.

Figura 10 – Temperatura (graus Celsius, no eixo horizontal) no espaço radicular e absorção de nutrientes sobre produção de matéria seca de milho

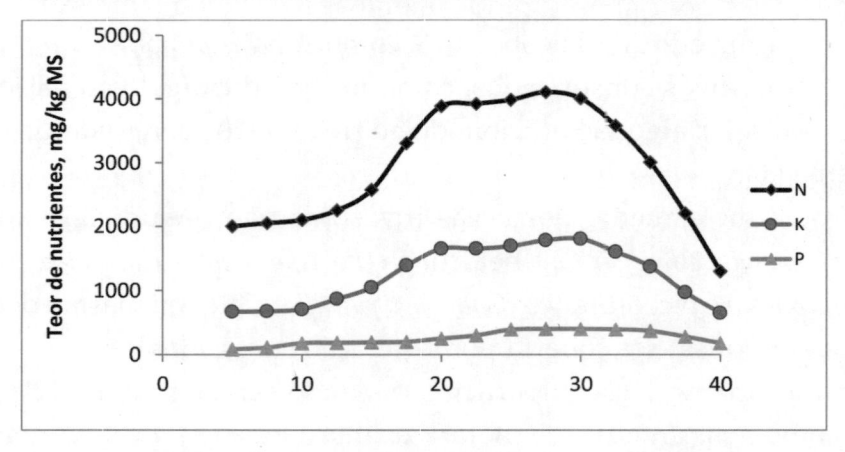

Fonte: Grobbelaar (1963) *apud* Arnon (1975) em Primavesi (2013)

Num ensaio (Figura 11) com milho em solução nutritiva, constatou-se que, em solução normal, as plantas com oito dias tinham 430 mg de folhas (70 mg de folhas secas em estufa a 65 °C). Em solução nutritiva com o dobro de concentração, as raízes permaneceram iguais, mas as folhas produziram 100 mg a menos.

Figura 11 – Efeito da concentração da solução nutritiva sobre o desenvolvimento radicular e produção de folhas de milho, massa da matéria seca

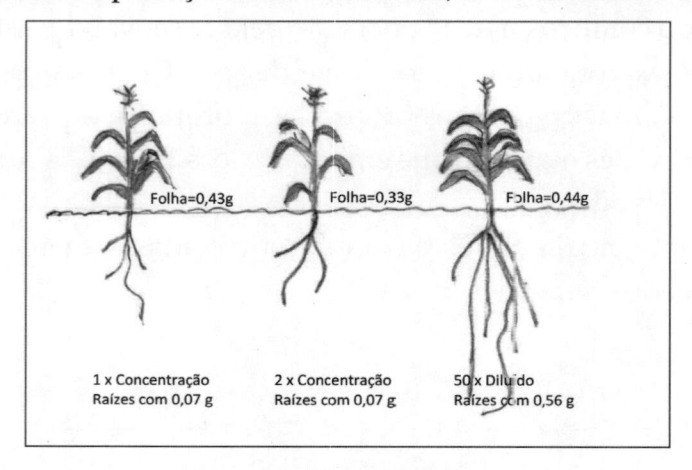

Fonte: Arquivo pessoal da autora

Porém, quando a solução nutritiva foi diluída 50 vezes, a produção de folhas permaneceu praticamente igual (10 mg a mais), mas as raízes aumentaram oito vezes, pesando agora 560 mg, em lugar de 70 mg de matéria seca.

Num outro ensaio usou-se uma solução nutritiva com omissão de nitrogênio. As plantas cresciam, embora com os sinais de deficiência. Quando, porém, a solução foi diluída 50 vezes, e se acrescentou a quantidade de nitrogênio usada na solução normal, as plantas morriam. O nitrogênio agiu como "solução monossalina", sendo que toda solução monossalina é tóxica para as plantas.

O cheiro do solo

Pelo cheiro se podem classificar os solos quanto à sua microvida:

a) cheiro fresco e agradável – microvida saudável, solo em boas condições;

b) cheiro de mofo, especialmente de *Penicillium* – o solo tem pouca vida aeróbia. Pode haver problema com a aplicação de palha na superfície, uma vez que a decomposição é iniciada por fungos, e não por insetos, e a palha tem um efeito "germostático", quer dizer, impede a germinação da semente plantada. Após a incorporação superficial da palha pela grade, tem de esperar uma chuva boa, para "lavar" a palha e remover as substâncias de efeito germostático. Se a decomposição da palha é iniciada por insetos, pode-se plantar no mesmo dia de sua aplicação *superficial* ao solo. Se, porém, a palha é incorporada pelo arado em 25 a 30 cm de profundidade, deve-se esperar três meses ou mais para o plantio, tanto por causa da imobilização do nitrogênio do ar do solo, quanto pela decomposição anaeróbica e produção de gases tóxicos;

c) cheiro nenhum – o solo está morto e provavelmente duro, adensado;

d) cheiro de pântano – ocorre por causa da produção de gás sulfídrico e de metano, indicando matéria orgânica (ou composto) enterrada, sendo decomposta sob condições anaeróbicas. Vale a pena lembrar que composto não é NPK em forma orgânica, mas matéria orgânica semidigerida e que ainda tem de ser completamente decomposta para poder liberar os nutrientes. Matéria orgânica, em primeiro lugar, é alimento para a vida aeróbia do solo que produz os agregados.

e) *cheiro fétido* – indica matéria orgânica em putrefação. Isso ocorre especialmente com material rico em nitrogênio, em ambiente semiaeróbico e com excesso de umidade.

A cor do solo

Normalmente atribui-se a solos férteis uma cor escura por causa do elevado teor em húmus. Isso somente é verdade em condições de clima temperado. Em clima tropical, somente em pastagens e florestas se forma húmus. A cor escura raramente aparece em solo agrícola e nem sempre indica solo humoso e fértil.

a) Cor escura do solo em estado úmido e seco: solo humoso.

O teor ótimo de matéria orgânica é de 3 a 5%. Acima disso, normalmente, não indica fertilidade, mas processos de enturfamento e problemas de decomposição por causa de excesso de umidade, como em solos pantanosos com pH elevado ou por causa da altitude elevada, como em Campos de Jordão ou nos Andes, com pH baixo a muito baixo (até pH 2,7).

Solos pantanosos não podem ser simplesmente drenados, por possuírem seus íons nutritivos em forma "reduzida", ou seja, trocaram o oxigênio por hidrogênio (SO_3 para SH_2). Uma drenagem equivale a uma ventilação e provoca a oxidação destes íons, causando uma acidez muito pronunciada. Uma calagem destes solos para corrigir o pH faz a turfa se decompor rapidamente. Por exemplo, na Flórida, nos *Everglades*, após a drenagem e calagem, os terrenos baixaram dois metros, razão porque resolveram inundar novamente os solos e deixá-los permanecer em estado natural.

Existe a possibilidade de baixar o nível da água, porém somente por 20, no máximo 25 cm: plantar em canteiros elevados e trabalhar com drenos abertos.

b) Cor escura a preta em estado úmido, e acinzentada a branca em estado seco, é solo sem matéria orgânica, mas muito rico em manganês.

A análise de matéria orgânica no solo não é sempre confiável porque com o método úmido (bicromato de potássio) se determina as substâncias oxidáveis. Em solos anaeróbios, não somente o carbono, mas também todos os minerais são oxidáveis, como enxofre, ferro, manganês etc., podendo simular alto teor em carbono onde não há nenhum.

Com o método seco, queimando a matéria orgânica na mufla (a 550º C), não somente o carbono da matéria orgânica se perde, mas também todos os carbonatos, como de cálcio, magnésio, sódio etc.

A maneira mais segura de determinar se o solo recebe o suficiente em matéria orgânica é o exame do grau de agregação do solo que se faz por peneiração úmida. Se o solo for bem agregado, e os agregados forem estáveis à água, o programa de fornecimento de matéria orgânica é suficiente para manter o solo produtivo. Se a agregação é pouca e os agregados instáveis na água, necessita-se urgentemente a adição de mais matéria orgânica ao solo.

c) Cor mosqueada: isto é, em diversas matizes de vermelho e, às vezes, azulado e acinzentado (em caso de gleização). A razão sempre é água estagnada, o que pode ocorrer por causa de:

1. uma camada impermeável (em 20, 40 ou até 80 a 100 cm de profundidade) que estagna a água, evitando que se infiltre no solo, alcançando o lençol freático;

2. inundações em determinadas épocas do ano;

3. superirrigação por causa de raízes muito pequenas das culturas;

4. um cano condutor de água rachado, vazando água;

5. solo de arroz irrigado, porém mal drenado nas entressafras.

Registro das características observadas no solo

Todas as características que se podem observar em um determinado perfil podem ser anotadas em um formulário (Tabela 12).

Este é útil para fazer posteriormente uma avaliação geral do solo e poder tomar as medidas adequadas para a conservação ou recuperação de sua fertilidade.

Ao longo de vários anos, as anotações no formulário indicarão se as medidas corretivas adotadas tiveram algum efeito positivo.

Tabela 12 – Formulário de Registro de observação do perfil do solo

Formulário de registro
Parcela _____ Lote _____ Data _____ Vegetação _____

PROFUNDIDADE (cm)	ESTRUTURA		RAÍZES			UMIDADE	RESÍDUOS ORGÂNICOS
	Agregados em cm	Compactação	Horizonte	Enraizamento n/m/r/b/mb	radículas	nódulos	s/-u/u/+u/sa	
5								
10								
15								
20								
25								
30								

Fonte: Hasinger (1993)

Nota: agregados: tamanho de agregados, em cm.
Compactação: s = solto; l = leve; c = compactado; mc = muito compactado.
Horizontes: fv = fracamente visível; v = visível; c = contrastante.
Enraizamento: n = nulo; m = ruim; r = regular; b = bom; MB = muito bom.
Radículas: x = existentes; xx = desenvolvidas; xxx = muito bem desenvolvidas.
Nódulos: x = existentes; xx = desenvolvidos; xxx = muito desenvolvidos.
Umidade: s = seco; -u = pouco úmido; u = úmido; +u = muito úmido.
Resíduos orgânicos: profundidade onde foram encontrados.

7. POR QUE O SOLO TROPICAL PRECISA SER POBRE?

Verifica-se que, na comparação dos solos de clima temperado com tropical, nos primeiros tudo funciona para que sejam enriquecidos ainda mais em nutrientes. Nos solos tropicais, tudo funciona para que sejam empobrecidos ainda mais em nutrientes e para aumentar a diversidade de sua vida.

Por que o solo tropical tem de ser pobre?

Porque durante as horas quentes do dia as plantas fecham seus estômatos quase totalmente, reduzindo a corrente transpiratória para não perder muita água para o ar, pois a demanda atmosférica por água aumenta com o aumento da temperatura do ar. Com isso, também entra menos gás carbônico e a fotossíntese reduz. As folhas mandam menos grupos carboxílicos ($COOH^-$) à raiz, que agora possui uma concentração muito menor de carboidratos e minerais em sua seiva, ou seja, uma pressão osmótica menor.

Como a absorção de água funciona segundo as leis da osmose (Figura 12), o fluxo da água vai da concentração menor para a maior. Durante as horas de calor, com uma concentração baixa de substâncias na raiz, esta iria perder água para o solo, se este for rico em nutrientes disponíveis. Somente quando a concentração da solução do solo for ainda mais baixa do que a da seiva radicular, a raiz continua absorvendo.

Por isso, o solo tropical tem de ser pobre em nutrientes disponíveis, mas possuir uma vida muito intensa que mobiliza os nutrientes, na hora em que a planta os necessita, e o acesso para um volume maior de solo, também em profundidade, para encontrar água mais facilmente.

Figura 12 – Absorção pela raiz por osmose

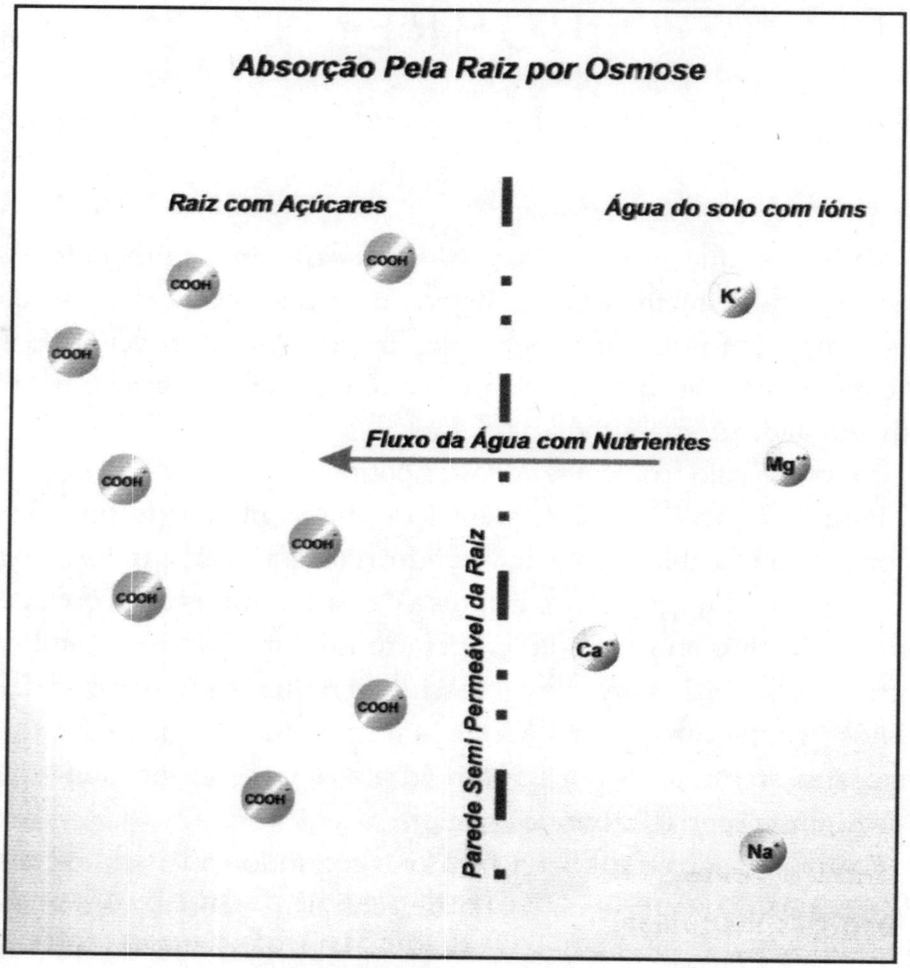

Fonte: Primavesi (1980)

Base da produtividade do solo tropical

A base da produtividade do solo tropical é:

1. a reciclagem rápida de matéria orgânica, que equivale a uma microvida muito intensa. Em parte são liberados os nutrientes contidos

na matéria orgânica, em parte os micro-organismos fixam nitrogênio do ar, como *Azotobacter chroococcum, Beijerinckia, Spirillum* ou *Azospirillum*. Mas existem igualmente bactérias, como *Pseudomonas tabaci*, que em condições favoráveis fixam nitrogênio na rizosfera, por exemplo, do fumo. Mas se este for deficiente em potássio, a *P. tabaci* ataca suas folhas, causando a "queima bacteriana" (Scharrer e Linser, 1966). Ou o fungo *Aspergillus niger*, que pode fixar nitrogênio (Schober, 1930) e decompor celulose, e que faz as sementes fortes nascer mais rápido, mas apodrecer as fracas. Em solos compactados há uma multiplicação desenfreada desse fungo, tornando-se patógeno nas plantas enfraquecidas (Primavesi e Primavesi, 1964).

Portanto, a solarização do solo, para esterilizá-lo, somente elimina sintomas, como bactérias ou fungos patógenos, mas não ataca as causas, porque estes micro-organismos se tornaram patógenos;

2. a intensa inter-relação planta – excreções radiculares – micro-organismos – solo e nutrientes. Não é o solo rico que produz, mas o solo vivo, ativo. Não vale a "tecnologia de massa" de nutrientes, mas a "tecnologia de mobilização e acesso" (Bunsch, 2001) dos nutrientes por uma vida intensa e um sistema radicular extenso e vigoroso (a adubação intensiva, aumentando a salinidade no solo, reduz drasticamente o volume radicular).

Tecnologia requerida:

1) retornar periodicamente matéria orgânica à superfície do solo para agregá-lo, por meio da atividade biológica;

2) manter a camada agregada na superfície (não revirar profundo, Plantio Direto);

3) proteger a superfície do solo contra insolação direta, aquecimento, e impacto da chuva;

4) diversificar a vegetação para diversificar a vida do solo;

5) adaptar as variedades ao solo e clima, ou usar os micronutrientes deficientes;

6) proteger as plantas contra o vento e brisas constantes;

7) usar as máquinas criteriosamente, com pneus adequados e calibrados, para reduzir área de compactação.

8. RESÍDUOS DE MATERIAL ORGÂNICO

Decomposição de palha ou de composto depositado na superfície

A decomposição do material orgânico é tida como certa, mas não ocorre necessariamente após a roça de um pasto, especialmente quando de capim alto, como o capim elefante *(Pennisetum purpureum)* ou seu híbrido, napier, ou o colonião *(Panicum maximum)*, podendo permanecer uma camada grossa de palha no pasto difícil de decompor. Também em campos agrícolas, onde se usam muitos herbicidas, a decomposição da palha de milho pode levar anos.

Normalmente é por causa da compacidade do solo e da perda quase total de nitrogênio. Neste caso, o aparecimento de bactérias celulolíticas como a *Cytophaga*, pode ser provocado, aplicando-se 250 kg/ha de um fosfato cálcico, como o fosfato natural, termofosfato, hiperfosfato ou um semelhante, sobre a palha.

A decomposição ocorre rapidamente, sendo o nitrogênio necessário produzido por *Azotobacter* e semelhantes ("método Dhar") (Dhar, 1968, 1972), usado na Índia e que permite a fixação de nitrogênio suficiente para a produção de 9 t/ha de milho. Esse método tem a vantagem de ser muito pouco trabalhoso e eficiente, enquanto se conserva a matéria orgânica na camada superficial, como no Plantio Direto na palha ou "mulch-farming" (pode-se também incorporar somente com uma grande niveladora na camada superficial, máximo 8 cm superficiais).

Às vezes, a decomposição pode atrasar por falta de umidade. Mas como abaixo da camada de palha o solo se conserva mais úmido, mesmo em períodos secos, a decomposição é rápida.

Quanto menor a proporção C/N tanto mais rápida a decomposição. Assim, a palha de soja se decompõe rapidamente, e, no plantio direto, nunca se consegue uma camada grossa de palha por cima do solo. Para isso necessita-se palhas com relação C/N maior, como de milho, sorgo, painço, forrageiras gramíneas e semelhantes, o que é importante no Plantio Direto na palha, em que o sucesso depende especialmente da espessura da camada de palha (ideal 5 cm; ou 8 t/ha).

Também a aplicação de composto superficial é vantajoso. Caso as raízes permaneçam na camada de aplicação do composto, sem penetrar no solo, elas procuram por boro. Uma aplicação de ácido bórico (de 5 a 15 kg/ha), de bórax ou de colemanita corrige isso. O mesmo ocorre quando as raízes de mudas replantadas permanecem no substrato do saquinho ou da bandeja. Essa situaçao é observada frequentemente no plantio de café, de hortaliças e de flores. O substrato é rico e o solo é muito pobre, especialmente em boro.

Palha ou composto misturado superficialmente com o solo

Neste caso ocorre uma decomposição que pode ficar entre aeróbia e semiaeróbia da palha, contribuindo eficientemente para a formação de agregados e o sistema macroporoso do solo. Extraindo uma fatia de terra pode-se verificar em que profundidade a matéria orgânica foi aplicada. E se verifica também a profundidade em que uma adubação química foi realizada.

Palha na camada superficial, aeróbia, não impede o plantio imediato, se o solo for ativo, rico em microvida, porque capta o nitrogênio necessário para sua decomposição do ar e não produz gases tóxicos durante sua decomposição. Ela contribui para a nutrição da vida do solo e, com isso, para a formação de agregados estáveis e macroporos. A matéria orgânica sempre deve ser colocada na superfície ou na camada superficial do solo. A natureza ensina isso.

Palha ou composto incorporado profundamente no solo

Esta incorporação é feita com arado, no sulco de um sulcador, para o plantio de café, ou até manualmente, nas covas de frutíferas ou videiras. Às vezes a fatia de terra (20 cm) que se tira com a pá reta não é o suficiente para encontrar a matéria orgânica enterrada, até a 40 cm de profundidade. Esta incorporação profunda tem duas razões:

1) os agricultores acreditam que, especialmente composto, mas também adubação verde e restolhos, são preferencialmente fonte de NPK em forma orgânica. Para que a raiz encontre os nutrientes quando se aprofundam no solo, eles colocam a matéria orgânica entre 30 e 40 cm de profundidade.

O efeito é que ocorre uma decomposição anaeróbia, que solta gases tóxicos (metano e gás sulfídrico), prejudica as raízes e impede que estas aprofundem no solo; as raízes permanecem superficiais e as plantas murcham em uma a duas horas de sol. Normalmente, o resultado é que o agricultor irriga direto, dia e noite, encharcando o solo (chega a criar musgo na superfície), o que impede que as raízes desçam, porque neste caso elas procuram por ar na superfície. Se faltar umidade, a matéria orgânica enterrada profundamente enturfa e se conserva por cinco ou sete anos, ou mais.

Geralmente a produção é miserável, e atribui-se isso à "agricultura orgânica" que, nestas circunstâncias, é absolutamente antiecológica e, por isso, não consegue produzir adequadamente.

2) os agricultores acreditam que, colocando a matéria orgânica na superfície do solo, perde-se o nitrogênio. Porém, sabe-se que o nitrogênio adicionado por meio de composto ou qualquer outro material orgânico tem pouca influência sobre a quantidade de nitrogênio no solo. Este depende da vida do solo e de sua fixação. E, seja dito, muitas bactérias de vida livre fixam nitrogênio e não somente as bactérias simbióticas, como os rizóbios noduladores de leguminosas.

Adubo verde

A adubação verde é cada vez mais usada. Não se utiliza somente uma espécie, como, por exemplo, a aveia preta, o nabo forrageiro, a mucuna-preta, a crotalária, o milheto e outras, mas semeiam-se misturas de cinco a oito diferentes espécies para diversificar a vida do solo. Normalmente, pede-se para usar alguma leguminosa porque, se possuir raízes fortes, ajuda a agregar o solo e ainda consegue mobilizar fósforo e fixar nitrogênio.

O único problema das leguminosas é que não são compatíveis com todas as culturas. Assim, por exemplo, a cebola e o alho são incompatíveis com as leguminosas. E numa rotação de culturas sua produção cai pela metade ou mais. É muito importante conhecer as culturas alelopáticas (que não se gostam) e culturas sinérgicas (que se gostam) para evitar fracassos e poder aumentar as colheitas pela adubação verde (maiores detalhes no capítulo "Relações entre plantas"). Por outro lado, combatem-se os nematoides por meio de leguminosas, como mostra Sharma *et al.* (1982) (Tabela 13).

Tabela 13 – Influência da espécie vegetal do adubo verde no controle de nematoides

Espécie vegetal	P	M	D	A	AA	T	Ma	PT	O
Tagetes erecta	100	100	91*	12*	01	-	100	-	-
Crotalaria paulina	100	100	94	94	99	100	100	-	-
Cyamopsis psaloides	100	100	80	100	98	100	100	-	100
Stizolobium niveum	100	100	91	100	98	25	100	-	-
Stizolobium deeringianum	100	100	93	97	99	100	-	-	-
Stizolobium aterrimum	100	100	98	93	99	100	100	-	100
Indigofera tinctoria	100	100	98	100	99	100	100	-	-
Crotalaria spectabilis	100	100	94	93	100	100	100	-	100
Crotalaria grationa	100	100	100	100	100	100	100	-	100
Tephrosia candida	100	100	92	100	96	100	25	-	-
Cajanus cajan	100	96	98	92	98	100	75	-	-
Sesbania aculeata	100	99	98	100	100	100	30	100	100
Dolichos lablab	91	99	94	100	100	100	100	-	100

Canavalia ensiformis	100	100	96	100	99	100	100	-	-
Phaseolus aureus	85	90	07*	15*	02*	-	-	-	-

Fonte: Sharma et al. (1982). *Aumentou a população de nematoides. Atenção: as leguminosas usadas de forma contínua não controlam mais os nematoides, mas provocam seu aparecimento

P – Pratylenchus brachyurus; A – Aphelenschoides sp; Ma – Macrospothona omata;
M – Meloidogine javanica; AA – Aphelenchus avenae; PT – Paratrichodorus minor;
D – Ditylenchus sp; T – Tylenchus sp; O – diversos Tychilerchidas

Os adubos verdes podem ser utilizados para diversos fins:
a) diversificar a vida do solo;
b) fixar nitrogênio pelas leguminosas;
c) melhorar a estrutura do solo, o que ocorre especialmente com o uso de gramíneas com raízes fasciculadas fortes e profusas, como milheto, azevém, capim-pangola e outras;
d) mobilizar ou fornecer nutrientes, como Ca, P e K.
Ca – trigo-mourisco, girassol e tremoço;
P – leguminosas, como mucuna, kudzu e guandu;
K – mamona e capim elefante (folhas).
e) Romper lajes duras com crotalária, guandu e tremoço;
f) Diversificar a rotação de culturas;
g) Combater nematoides.

Os adubos verdes não devem ser enterrados com o arado ou com a grade aradora, mas colocados na camada superficial ou revolvida com a camada superficial até 8 cm de profundidade. Se os adubos verdes forem enterrados profundamente, seu efeito será negativo, porque o campo não poderá ser plantado durante três a quatro meses, por causa da decomposição anaeróbica da matéria orgânica e à consequente produção de gases tóxicos (metano e gás sulfídrico).

Quando os adubos verdes forem misturados superficialmente com a terra, é preciso que a cultura seja plantada imediatamente depois porque, em três semanas, o nitrogênio é perdido, assim como a maior parte dos cátions, em caso de ocorrência de chuvas neste período.

O maior efeito da adubação verde ocorre quando permanece, ainda por três semanas, em cima do solo como *mulch* ou cobertura morta, protegendo-o. Com esse efeito a vida do solo é capaz de descompactar o solo de uma maneira mais eficaz do que as raízes.

Rotação de culturas

Tem dois propósitos:

1. Garantir colheitas fartas pelo uso de uma cultura:
- exigente (por exemplo: trigo, algodão e canola);
- modesta (por exemplo: milho, sorgo, girassol e feijão);
- recuperadora (por exemplo: soja e ervilhaca).

2) Diversificar a vida do solo, que depende das espécies de matéria orgânica que recebe. A quantidade farta de uma só variedade vegetal (monocultura) nutre somente os componentes de algumas linhagens de micróbios já existentes, mas não diversifica as espécies. Essa também é a razão pela qual se podem criar parasitas ou pragas. A população de plantas da mesma espécie esgotam o solo unilateralmente, ficando ao final, mal nutridas e "doentes", permitindo a proliferação dos micróbios e insetos, que conseguem utilizar suas excreções radiculares e suas folhas mortas.

A diversificação da vida do solo ocorre pelo uso de espécies diferentes de plantas, bem como pelo uso de variedades diferentes da mesma espécie, em que uma é capaz de explorar o espaço radicular da outra, sem conflitos.

Uma rotação de culturas que usa somente espécies exigentes não é vantajosa. Monoculturas de variedades, de base genética grande, ainda conseguem sobreviver por muito tempo, uma vez que cada planta adapta-se ao lugar em que cresce e, finalmente, formam um conjunto de "variedades diferentes". Especialmente quando o solo é composto por uma colcha de retalhos de características físicas, químicas e biológicas, não é totalmente uniforme. Porém as híbridas e, mais ainda as clonadas ou mesmo as transgênicas, geneticamente uniformizadas, não têm mais esta aptidão de fácil adaptação.

Aproximadamente em 800 d.C., já se exigia a rotação de culturas, ou uma adubação verde após cada duas colheitas. Quem não tivesse dinheiro para adquirir as sementes para esta adubação verde, tinha de intercalar um ano de "repouso" do campo. O "repouso" não era para que o solo parasse de produzir fitomassa, porque isso não ocorre na natureza. Ao contrário, quanto mais fitomassa o solo produz, melhor ele fica, em termos de agregação, macroporosidade, permeabilidade, diversidade de vida, capacidade de captação e armazenamento de água da chuva. Este "repouso", sem cultivo, era para deixar as plantas nativas crescerem e cobrirem o solo, uma adubação verde muito diversificada e natural. Deve ser lembrado que um solo para manter suas características primárias e poder realizar os serviços ecossistêmicos essenciais, dentre as mais importantes a de captar e armazenar as águas das chuvas, necessita estar permanentemente vegetado, de forma diversificada (plantas com raízes pivotantes ou axiais, fasciculadas, profundas e superficiais; e com demandas nutricionais diferentes e outras). Este sistema de repouso ou pousio é usado em canaviais do Rio Grande do Norte, em que se deixa que a terra do canavial a ser renovado seja recoberta pelo mato, para usá-lo posteriormente como adubo verde. O mato, alcançando determinado porte no início do florescimento, é roçado duas vezes para não produzir sementes e, finalmente, é incorporado superficialmente para se plantar.

A vantagem da rotação é que o solo melhora e as pragas diminuem. Especialmente com Plantio Direto na palha, que também se chama de Semeadura Direta, *Zero Tillage mulch-farming* (em inglês). Monoculturas provocam um aumento significativo e de dano econômico de pragas, mas com cinco culturas em rotação a saúde vegetal é bastante boa. Por exemplo: soja-sorgo-mucuna-milho-amendoim. No caso do plantio de mucuna-preta, observa-se que, durante três anos, o campo não sofre com a seca. Neste caso, enquanto nos terrenos vizinhos as plantas enrolam as folhas e sofrem de "seca-verde" depois da mucuna, as culturas crescem normalmente, razão esta ainda não bem esclarecida. Embora a soja esteja entre as plantas recuperadoras de solo, se usada de vez em quando em rotação com outras culturas, quando em monocultivo também degrada o solo e, geralmente, após sete ou oito anos, a terra é abandonada.

Para o sistema de Plantio Direto na palha, a soja produz muito pouca palha (e ainda de baixa persistência) e não consegue a formação de uma camada mais espessa de material orgânico para alimentar a vida do solo. Já a rotação com milho (e outras gramíneas; ou na integração lavoura-pecuária) é altamente vantajosa, especialmente por também produzir a palha para a cobertura e proteção física do solo.

Uma cultura que aprecia o monocultivo durante sete anos consecutivos é o tomate.

Outra vantagem da rotação de culturas é que cada cultura possui seu efeito sobre a infiltração de água, de modo que o solo e o nível freático são bem melhor abastecidos (Tabela 14).

Tabela 14 – Infiltração de água (mm/h) sob diferentes cultivos

Solo	Trigo	Canola	Tremoço	Vicia
Terra Roxa	64	303	-	402
Latossolo Vermelho	44	79	125	87
Latossolo Amarelo	67 (após a soja)	90	112	-

Embora a infiltração dependa da compactação ou adensamento do solo, da redução de macroporos, o cultivo influi graças à cobertura, sendo pior em cereais como o trigo e melhor em leguminosas, especialmente as que produzem um enraizamento muito intenso e profundo. Conforme a rotação há o aumento da colheita, de modo que mesmo uma cultura economicamente não rentável possa valer a pena (Tabela 15).

Tabela 15 – Produção de algodão em função da rotação de culturas

Rotação	Produção de algodão	
	(kg/ha)	(Arrobas/alqueire)
Soja – algodão	1227,6	198
Amendoim – algodão	1494,2	241
Mucuna – algodão	2083,2	336
Algodão – algodão	903,8	145

Obs: a média de algodão por alqueire é de 250 arrobas (1563 kg/ha) com adubo químico. Com quebra-vento a produção dobra. Fonte: Adaptado de IAC apud Martin et al. (1983)

9. COLOCAÇÃO DA MATÉRIA ORGÂNICA

Na natureza, a matéria orgânica sempre está na superfície do solo:
a) para protegê-lo e
b) para nutrir a microvida aeróbia que forma os agregados (e macroporos).

Se as raízes permanecerem na camada de matéria orgânica e não penetrarem no solo, é porque procuram por boro na matéria orgânica. Neste caso, deve-se adubar o solo com 8 a 12 kg/ha (em solos muito argilosos até 15 kg/ha) de bórax ou ácido bórico.

Diz-se que o nitrogênio é perdido quando a matéria orgânica permanece na superfície. Mas esta perda é mais que compensada pela fixação de nitrogênio por bactérias de vida livre *(Azotobacter)* e que se aproveitam dos açúcares e ácidos (ácidos poliurônicos) que as bactérias celulolíticas produzem. A matéria orgânica deve ser:

1) alimento para a vida aeróbia do solo;
2) condicionador da estrutura do solo (agregados);
3) fornecedor de nutrientes (reciclagem). Este ponto é menos importante, porque se o solo estiver bem agregado, a raiz encontra nutrientes num maior volume de solo explorado e os micro-organismos os mobilizam até de areia.

10. PARA QUE SERVE A MATÉRIA ORGÂNICA

A matéria orgânica vegetal não é adubo.

Ela é alimento para a vida aeróbia do solo, que o agrega, criando o sistema macroporoso por onde entram ar e água indispensáveis para a produção vegetal.

A matéria orgânica, em todas as suas formas, serve para nutrir especialmente os micróbios aeróbicos do solo. E como estes micróbios são especialmente importantes para a agregação do solo e a formação de macroporos superficiais, a matéria orgânica de forma alguma deve ser enterrada, mas permanecer sempre na superfície do solo ou na camada superficial. Os nutrientes que ela libera no final de sua decomposição total representam um "brinde", mas não o seu propósito principal. Composto não é alimento vegetal. É simplesmente um produto semidecomposto que ainda deve sofrer a decomposição final, embora já se considere que esteja biologicamente estabilizado na relação C/N em torno de 1/10, quando maturado, porém já sem os benefícios de produzir substâncias que auxiliam na agregação do solo. Em clima temperado, formam-se húmus e humina, chamados também de húmus de reserva. Sob condições de clima tropical isso não ocorre. Exceto em regiões muito elevadas e mais frias.

Nos trópicos não se forma húmus em campos agrícolas lavrados, mas ele pode ser formado em campos sob Plantio Direto na palha. Porém, como o húmus somente é uma reserva, uma "conserva" de matéria orgânica, não é importante analisar quanta matéria orgânica se conservou no solo, mas se esta conseguiu agregar o solo o suficiente para permitir a entrada de ar e de água e o desenvolvimento abundante das raízes. Isso se constata examinando o solo (teste de ruptura, análise da pá, perfil cultural) e as raízes (veja o capítulo "O que as raízes comunicam").

Também não é tão importante fornecer ao solo um material rico em nitrogênio, ao contrário, folhas de soja ou de feijão decompõem-se rapidamente sem efeito agregador. Somente a celulose e a lignina agregam o solo, graças ao trabalho de bactérias celulolíticas, em especial as *Cytophaga*.

O composto se justifica em cultivos de alta rotatividade como em muitas hortaliças, mas não é necessário em culturas anuais ou perenes. O composto pode ser feito, por exemplo, com bagaço de cana enriquecido (por ser matéria-prima pobre), mas não é necessário.

O efeito benéfico da matéria orgânica está na:
– proteção da superfície do solo;
– nutrição dos micro-organismos que mobilizam nutrientes;
– agregação das partículas sólidas da camada superficial do solo (redução na densidade aparente), na entrada de água, de ar e na retenção de água suficiente (água disponível na capacidade de campo).

A matéria orgânica não é um nutriente químico (NPK) em forma orgânica, porém, ajuda a nutrir as plantas por meio da animação dos organismos do solo, que mobilizam nutrientes. Em geral, o nitrogênio adicionado pela matéria orgânica ou pelo composto têm muito pouca correlação com o nitrogênio no solo. Mas se o solo estiver desagregado, ou seja, adensado ou compactado, o nitrogênio do solo se perde. Se faltar nitrogênio para as culturas e se for necessário aplicar ureia em cobertura, pode-se ter a certeza de que o solo está adensado ou compactado.

Pela animação da vida do solo se mobilizam nutrientes e fixa-se nitrogênio. Ahrens (1961) prova no seu ensaio "centeio permanente" que esterco animal adiciona nitrogênio ao solo, mas baixa o número de fixadores livres de nitrogênio como *Azotobacter*, enquanto palha ou folhas mortas incentivam a fixação de nitrogênio, de modo que, no final, o ganho com a aplicação de estrume e a fixação de N por micróbios se equiparam.

Não importa a quantidade de nitrogênio adicionado ao solo pela matéria orgânica, mas sua capacidade de fixar nitrogênio do ar. Dhar (1972) mostra que a capacidade da matéria orgânica seca em fixar nitrogênio, por meio de atividade biológica, aumenta pela adição de um fosfato cálcico como Escória de Thomas, termofosfato, hiperfosfato e outros.

Evita-se o incentivo da decomposição de matéria orgânica pela aração, uma vez que, nos trópicos, a "reciclagem" dela é muito rápida.

Aumenta-se a decomposição da matéria orgânica:

1) pela aração, gradagem ou o revolvimento pela enxada rotativa (resulta em aeração ou oxigenação do solo) que se chama geralmente de "mobilização do solo" por mobilizar sua vida de maneira explosiva;

2) pela calagem corretiva, inadequada nos trópicos, pois "queima-se" a matéria orgânica;

3) pela adubação com nitrogênio, que aproxima a relação C/N, de modo que as bactérias podem usar até lignina.

Isso significa que tudo que aumenta a microvida também aumenta a decomposição e a perda de matéria orgânica, que assim necessita ser reposta continuamente.

Kresge e Merkle (1957) constataram que a nitrificação (produção de nitratos) sempre é maior nas camadas superficiais do solo (as camadas melhor oxigenadas) em, exatamente, o dobro em solos ácidos do que em alcalinos. E em clima quente (25 a 30°C) é 40 a 60% maior do que em clima mais frio (5 a 15°C) (Fisher e Parks, 1958). Como os nitratos podem ser lixiviados pela água, é importante que não sejam mobilizados mais do que as plantas podem absorver e utilizar. Em campos de adubos verdes de leguminosas pode haver excesso de nitratos e sua lixiviação. Gramíneas são grandes utilizadoras de nitrogênio, e pastagens com raízes profundas podem reduzir perdas de nitrato no perfil do solo.

Em condições anaeróbias, quando a matéria orgânica enterrada no solo é decomposta por bactérias *butíricas,* isto é, de putrefação, os nitratos se transformam em nitrogênio elementar (N_2) que se perde no ar, e os fosfatos são reduzidos a (PH_3) que se perdem por fixação química (Tsubota, 1959). A atividade de micróbios e de plantas protege os fosfatos e nitratos da perda, pois quanto maior a atividade biológica do solo, tanto melhor as plantas serão nutridas. Segundo Sperber (1957), especialmente as lactobactérias têm um papel importante na mobilização de fósforo e até de silicatos.

Também pode aparecer o potássio, de fontes desconhecidas. Assim, num ensaio sem reposição de potássio, com beterraba de açúcar, que retira anualmente 800 kg/ha de potássio, após 25 anos o teor em K no solo, conforme a análise, tinha caído à metade, mas, apesar disso, as safras de beterraba continuavam a subir ano por ano (Scharrer e Linser, 1966).

O problema principal no uso da matéria orgânica

O grande problema no uso da matéria orgânica é o tipo de preparo do solo, com revolvimento (Tabela 1). Este revolvimento pelo arado ou grade equivale a um arejamento violento e forçado, provocando uma decomposição explosiva da matéria orgânica. Duas horas após a aração, uma nuvem de gás carbônico paira por cima do campo, subindo pouco a pouco para a estratosfera, contribuindo para o efeito estufa. Por outro lado, priva o solo da comida, da fonte de energia de seus micro-organismos e, por isso, é um procedimento que diminui a disponibilidade de nutrientes no solo tropical, que depende de uma vida ativa e, portanto, se estiver sem micróbios, "exige" a adubação química.

A aração dos campos e a queima dos pastos têm o mesmo efeito: provocam a morte da vida do solo pela fome.

Aqui vale a pena lembrar que a cobertura morta do solo tem seu efeito maior no período seco do ano. No período das chuvas, é recomendável a cobertura viva do solo (Foto 35), pois a cobertura morta melhora a infiltração, podendo levar à lixiviação de nutrientes. A cobertura viva tendo raízes, reduzem essa perda de nutrientes. Quando houver cobertura morta ou *mulch* em areas com cultivos de espaçamento pequeno essa perda de nutrientes é reduzida pela ciclagem de nutrientes pelas raízes das plantas vivas.

Foto 35 – Cobertura viva com gramíneas em pomar de citros

Fonte: Arquivo pessoal da autora

Plantio Direto (PD), Semeadura Direta ou Lavração Zero

O PD foi introduzido por causa da compactação dos solos pelas máquinas. Isso resultava em escorrimento da água das chuvas e erosão intensa indesejada, laminar, imperceptível, ou a erosão em sulcos, visivel (Foto 10). Quanto mais compactado o solo era, mais as máquinas passavam por cima do campo para afrouxá-lo. O PD, inicialmente, era feito sem cobertura morta ou *mulch*, mas, em muitos casos, o solo ficava pior do que com duas arações e três gradagens. Herbicidas foram aplicados para controlar o mato ou o pasto, em lugar do revolvimento do mato pelo arado e grade, reduzindo-se drasticamente a passagem de máquinas pelo campo. Descobriu-se que o capim, o mato dessecado que agora formava uma cobertura morta, era muito vantajoso e evitava a erosão, tanto a hídrica (pela ação da água) como a eólica (pelo vento). Quanto mais espessa era a camada de palha que protegia a superfície do solo, menos inços (plantas invasoras) nasciam e melhor o solo era "tamponado" ou amortecido contra a pressão das máquinas. A camada protetora da superfície do solo é indispensável para o PD. Nos EUA o PD é chamado de *zero tillage* – *mulch farming*, isto é, "aração zero com cobertura morta".

Se, porém, não se consegue logo no início de seu estabelecimento uma camada de palha de cinco a seis centímetros de espessura (pelo menos 8 t/ha de palhada), as máquinas, como as semeadoras e pulverizadoras, extremamente pesadas, compactam o solo. Esta camada de palha não se consegue com monocultivos de soja, nem com horticultura. Para isso, são necessárias culturas que produzam palha abundante e com menor facilidade de serem decompostas (mais estáveis), com as de gramíneas (milho, sorgo, trigo, arroz, capins e outras). É também a razão pela qual se necessita de uma rotação de culturas (a Integração Lavoura-Pecuária seria outro tipo de rotação de sistemas). As culturas de folha larga produzem pouca palha.

Quando a camada de palha não passar de 1,0 a 1,5 cm de espessura, a compactação do solo é grande, os inços têm que ser eliminados anualmente por herbicidas e as culturas geralmente desenvolvem raízes muito superficiais, necessitando de irrigação e de adubação. Embora possa proteger contra a erosão, as outras vantagens não existem mais. E até aparecem pragas nas raízes que não existiam antes.

Correção da acidez do solo e sua desintoxicação pela matéria orgânica

O pH do solo é corrigido pelos micro-organismos que decompõem a matéria orgânica e, como em nossos solos a maioria deles possui enzimas com máxima atividade a um pH de 5,6, este pH pode ser considerado ótimo para solos tropicais. A correção para um pH mais elevado em solo tropical não é necessária e nem vantajosa.

Muitos nutrientes tornam-se tóxicos em ambiente anaeróbico, que sempre existe em solos compactados e adensados. Assim, o ferro, o alumínio e o manganês perdem a sua toxidez quando o solo receber matéria orgânica com elevada relação C/N (não biologicamente estabilizada) que o agrega, permitindo seu arejamento ou oxigenação.

Quando a matéria orgânica é enterrada em 35 a 40 cm de profundidade, o efeito de oxigenação não ocorre, ao contrário, produzem-se mais substâncias tóxicas, como o metano e o gás sulfídrico; e a condição do solo piora para as plantas. A matéria orgânica pode recuperar um solo, tornando-o fértil e produtivo, mas esta mesma matéria orgânica também pode arruiná-lo mais ainda, se for manejado de maneira antiecológica. Ecológico é como a natureza o faz e não como o homem o imagina.

Matéria orgânica e a dessalinização do solo

Os solos salinizam pela irrigação mal feita, pela água que sobe de um nível freático muito alto (falta de drenagem) e é acelerada pela queima do campo e pela falta de proteção da camada superficial do solo.

A matéria orgânica celulósica, como a palha de sorgo e a de milho, transforma os sais em carbonatos, que são pouco solúveis em água e, portanto, ficam imobilizados. Por outro lado, ela agrega o solo, o que dificulta a ascensão de água do subsolo (por capilaridade), mas promove sua infiltração com rapidez (lixiviação). Com isso, evita-se sua perda pelo vento e brisas, especialmente quando existe um *mulch* sobre o solo, que impede seu aquecimento. Além do mais, se forem plantados cultivos que diminuem o nível freático, como o sorgo e o girassol, além do estabelecimento de quebra-ventos, a salinização é controlada.

É bom estar ciente que a desertificação e a salinização não têm combate químico-mecânico, mas somente biológico-ecológico. Portanto, não é importante procurar como colocar os nutrientes no solo (por meio de NPK, esterco, composto e outras fontes), mas como animar a vida do solo que mobiliza os nutrientes, e agrega as partículas sólidas do solo, e estabelece uma macroporosidade desejável para os cultivos (10% ou mais). O manejo do "mato" e a biodiversidade são importantes.

A matéria orgânica serve especialmente para animar e alimentar a vida do solo e não para enriquecê-lo. O fato de a matéria orgânica liberar seus nutrientes após sua completa decomposição é um brinde da natureza pelo serviço bem feito. Complementarmente, constata-se que o desenvolvimento das culturas não depende da riqueza mineral da matéria orgânica adicionada e sim de seu efeito sobre a vida do solo.

11. COMPOSTO

Composto, como toda matéria orgânica, é alimento da microvida e, por isso, um condicionador do solo, ou seja, ele o agrega, porém com menos eficiência que as palhadas, dependendo de seu grau de estabilização biológica.

Como é matéria orgânica semidecomposta, sofre ainda futura decomposição até ser transformada em calor, água, gás carbônico e minerais. Portanto:

• nos trópicos não pode ser enterrado até 30 ou 40 cm de profundidade, mas deve permanecer na superfície do solo ou numa camada superficial. A enxada rotativa pesada não serve para incorporar composto.

• Quando preparado com lixo orgânico urbano, cama-de-frango de granjas convencionais ou bagaço de cultivos convencionais (cana-de-açúcar, laranja, uvas), certamente, o composto não fornecerá um sal químico, mas um material orgânico. Porém, é repleto de agrotóxicos e que, portanto, *não serve para a agricultura orgânica*. É orgânico, mas "impuro" e as culturas com ele adubados podem ser mais ricas em agrotóxicos do que as que recebem os agrotóxicos pulverizados via foliar (Abreu, 2000).

• O composto produzido com material da própria fazenda não precisa, necessariamente, manter a saúde das culturas. Ele a mantém se as variedades forem adaptadas ao solo e ao clima da propriedade. Mas não necessita manter se forem híbridos ou variedades de outras regiões, países ou continentes, como a maioria das hortaliças.

Usam-se variedades vegetais de outras regiões, países e continentes e espera-se que o composto utilizado seria o suficiente para nutri-las bem. Normalmente, não é o suficiente porque o composto somente pode ser feito do que seus solos ou os dos seus vizinhos conseguiram produzir, tanto faz se se tratar de matéria vegetal ou estercos animais. Ele não pode fornecer o que estas variedades estranhas ao solo e ao clima local necessitam, estão adaptadas ou estão acostumadas a receber. Portanto, seu composto pode, mas não precisa ser, o suficiente para manter estas variedades com saúde.

Acredita-se também que o composto seja a única fonte de nitrogênio, além dos rizóbios das leguminosas. Isso não é correto e, geralmente, existe pouca relação entre o nitrogênio fornecido pelo composto e o nitrogênio que se encontra no solo.

Qualquer material orgânico, inclusive palha, aplicado superficialmente, consegue fixar nitrogênio do ar durante sua decomposição. Portanto, o que importa não é tanto o material do qual o composto é feito, mas que sua decomposição final no solo seja aeróbia, e seja realizada por bactérias aeróbicas capazes de fixar nitrogênio.

Quanto ao composto, acredita-se que seu nitrogênio nunca causará um desequilíbrio nutricional por excesso de nitrogênio e deficiência de cobre (N/Cu). Porém, qualquer nitrogênio, tanto faz se é químico ou orgânico, pode produzir um desequilíbrio. Este se verifica pelo aparecimento de folhas extremamente grandes, que muitos tomam por uma alimentação excelente, mas que, na verdade, é a deficiência de cobre "induzida" pelo excesso de nitrogênio. Portanto, mesmo com uso de composto, às vezes, é necessário acrescentar sulfato de cobre ($CuSO_4$) na proporção de 2,5 a 3,0 kg/ha. Ou seja, se colocarem 30 t/ha de composto estes 3 kg de $CuSO_4$ têm de ser misturados com 30 toneladas de composto.

A compostagem não se faz mais em montes altos, como antigamente, quando estes precisavam ser revolvidos semanalmente, mas em montes bem compridos ("minhocas") de 1,20 m de altura por 2,00 m de largura. Essa composteira não necessita ser revolvida. A fermentação e a maturação levam mais ou menos três meses.

O composto de restos vegetais da propriedade rural somente vale a pena ser feito quando se tratar de material acumulado. Quando se tem que recolher, por exemplo, os restolhos ou a palha de uma cultura no campo, a "compostagem na área" é muito mais vantajosa. Neste caso, os resíduos vegetais ficam na área onde foram produzidos e, em solos pobres (de baixa fertilidade), devem ser enriquecidos com um fosfato cálcico, como o hiperfosfato, o termofosfato, a Escória de Thomas, o fosfato natural e outros.

Para plantar este campo, se a terra já estiver mais ou menos com boa agregação, pode-se passar, no dia anterior ou até no mesmo dia, uma grade niveladora, somente para revolver a palha superficialmente (fazer o contato melhor da palha com a terra). Não vai haver problema porque a decomposição (liberação de energia) se inicia por meio da atividade da micro e mesofauna do solo e a palha, quando na camada superficial em condições aeróbicas, permite a fixação assimbiótica de nitrogênio do ar.

Se o solo estiver bastante decaído, com encrostamentos superficiais e lajes subsuperficiais, após o revolvimento superficial da palha, é preciso esperar uma chuva boa (uns 20 mm ou mais) para lavar as substâncias germostáticas, que os fungos produzem ao iniciar a decomposição. Os materiais vegetais que mais nutrientes acrescentam ao solo são (Tabela 16):

Tabela 16 – Partes vegetais e retorno de minerais ao solo

Folhas da cultura	Nutrientes (kg/ha)		
	N	P	K
Bananeira	420	40	330
Capim-jaraguá	307	43	383
Capim-napier	302	64	509
Dendezeiro	420	40	330

O composto de uma mistura de resíduos vegetais e estercos animais precisa ter uma proporção de três partes vegetal (seco) para uma parte de esterco (Tabela 17).

Tabela 17 – Dez toneladas de esterco animal contêm (kg)

Animal	N	P	K	Ca+Mg
Equinos	225	145	160	114
Bovinos	194	127	91	294
Ovinos	206	253	97	441
Suínos	361	294	278	166

Fonte: Kiehl (1985)

Podem-se utilizar 40 t/ha de composto de esterco de bovino, mas não se aconselha a usar mais do que 20 t/ha do esterco suíno, que é muito mais rico em NPK que o esterco bovino e, facilmente, induz à deficiência em cobre, zinco, boro e outros.

Em muitos países, o lixo orgânico urbano é compostado comercialmente por grandes empresas e vendido como adubo orgânico. Não há dúvida de que seja orgânico e não um sal químico, porém, geralmente, é feito de restos vegetais ricos em resíduos tóxicos (agrotóxicos, e mesmo metais pesados de outros rejeitos agregados). Assim, por exemplo, a alface recebeu a cada dois dias a aplicação de um defensivo; a maioria das verduras, no mínimo, uma vez por semana; as frutas recebem defensivos no mínimo uma vez por semana ou até diariamente (como é o caso de uvas e moranguinhos). Estes resíduos orgânicos são, segundo Mokiti Okada, "impuros", e as frutas orgânicas produzidas com este composto podem conter mais veneno do que as que receberam pulverizações com agrotóxicos.

Vários horticultores usam uma mistura de 100 kg de bagaço de cana acrescido de 40 kg de esterco de gado e esperam passar somente a fase de maior fermentação. Geralmente, após duas a três semanas já utilizam a mistura fermentada como cobertura morta em seus canteiros.

Resíduos industriais

Este tipo de resíduo provém de nove tipos presentes em:

1. Indústria de óleos – como torta de mamona, de algodão, de soja, de dendê, de amendoim, de cacau, de babaçu, de coco, de linhaça, de sementes de tomate – e outros que são utilizados,

especialmente, para a produção de rações animais, mas também para a de fertilizantes.

As tortas são relativamente caras porque servem como ração e também como adubos ricos em nitrogênio (menos a torta de filtro da usina açucareira). Raramente são misturadas a um composto. A torta de filtro é usada tanto compostada como natural para adubação.

2. Indústria de beneficiamento de nozes e de café, que fornece cascas.

3. Indústria de açúcar, de suco, de geleias, como bagaços de cana, de laranja, de banana e outros, como também servem as sementes de goiaba, de uva e outros.

O bagaço de cana, em parte, é utilizado como combustível e, em outra, é compostado, especialmente no Nordeste, onde é usado na fruticultura. O bagaço é parcialmente utilizado para a produção de Bokashi (adubo orgânico fermentado). Os resíduos industriais ainda podem ser misturados com pó de serra, quando houver umidade excessiva, a qual ocorre com frequência em cama de frango e bagaço de bananas.

4. Indústria de farinhas e beneficiamentos, como farelo de trigo, arroz, milho e outros. Estes são utilizados especialmente na produção de ração animal e também de fertilizantes. São especialmente usados na de Bokashi que, fermentado com a ajuda de EM-4 (ou EM-5; micro-organismos eficazes), fornece, em duas a três semanas, um produto pronto.

5. Indústria de fibras, como linter de algodão, restos de fibras de sisal, de juta, de rami e outros. Estes são de difícil decomposição por se constituírem quase de celulose pura. Para que possam ser decompostos, precisam ser regados com nutrientes, especialmente, fósforo, potássio, nitrogênio, às vezes, também com micronutrientes e inoculados com terra fértil.

6. Destilarias, onde sobram vinhoto ou vinhaça e caldos semelhantes.

7. Diversas caldas, como o resíduo de biodigestor, o supermagro e outros.

8. Guanos e de vermicomposto.

9. Lodo, especialmente das estações de tratamento de água e esgoto, que está sendo reciclado para resultar em água potável.

Aqui deve se chamar a atenção para o seguinte: qualquer produto orgânico, quando compostado, naturalmente dará um adubo orgânico, como o lodo, o lixo orgânico urbano, os bagaços e outros. Porém, todos estes produtos possuem, em parte, elevados teores de agrotóxicos, metais pesados e outras substâncias indesejáveis, como hormônios. Se for usado, por exemplo, o bagaço de banana da própria fazenda para adubar os próprios bananais, estes melhoram de saúde graças ao composto e vão precisar de menos defensivos. O bagaço fica, assim, progressivamente com menos resíduos tóxicos. Novamente compostado e aplicado, melhora mais ainda a saúde das bananeiras, que necessitam de menos defensivos ainda, até que, em três a quatro anos, não necessitam mais. Neste caso, o uso do bagaço é vantajoso. Porém, caso se compre simplesmente o bagaço da fábrica, sem conhecer a sua origem, geralmente se terá um bagaço com elevado teor em agrotóxicos e nunca se conseguirá um produto orgânico limpo. O mesmo vale para o bagaço de laranja e outros. Nas laranjas, conforme o processo de extração de suco (e de secagem do bagaço), o bagaço pode conter elevado teor em dioxinas, um produto altamente cancerígeno e inadequado para ser usado como adubo e menos como alimento animal.

O lixo urbano pode ser rico em metais pesados, como o cádmio, o chumbo, o níquel e outros e, portanto, não é adequado para a produção de hortaliças ou cereais. Pode ser usado na silvicultura e na floricultura, porém não rotineiramente, porque contamina o solo e pode causar a má formação das flores.

Guanos e vermicomposto

O guano é, geralmente, o esterco de aves selvagens compostado naturalmente. O vermicomposto deve ser considerado como sendo o composto de estrumes, porque é praticamente esterco e, às vezes, lixo urbano ou mesmo resíduos vegetais, transformado pelas minhocas (*Eisenia* e *Eudrilus*) em húmus. Como as minhocas enriquecem as substâncias que ingerem, suas excreções são mais ricas, especialmente em cálcio, mas também em fósforo e outros nutrientes. Portanto, é um adubo muito rico. Se for produzido a partir de lixo urbano, é ótimo para a floricultura, mas duvidoso para a horticultura.

Também os estercos, se forem provenientes de estabelecimentos convencionais, podem estar ricos em substâncias químicas indesejáveis.

12. PREPARO DO SOLO

Se o preparo foi feito com arado ou grade existe uma sola de trabalho na qual está depositada toda matéria orgânica da superfície, ou sua cinza, se esta for queimada.

Se o preparo foi feito com enxada rotativa, tanto faz se trabalhou até 8 ou 35 cm de profundidade, a matéria orgânica ou cinza estará misturada com todo o solo revolvido. A enxada rotativa é mais desfavorável porque destrói os agregados e contribui para formar crostas e lajes. O solo nunca deve ser revolvido a mais de 15 a 18 cm de profundidade. Se ele tiver uma laje, nunca se deve revolvê-la completamente, mas somente até os 2 cm superficiais da laje. Quanto menos o solo for revolvido tanto melhor, porque revolvimento e arejamento equivalem a uma queima de matéria orgânica. Além disso, o solo sempre deve ficar coberto, sendo exposto ao sol e à chuva o menor tempo possível. Quanto menos tempo a chuva bater na superfície do solo, menor a possibilidade da formação de um encrostamento superficial e uma laje ou *hardpan* subsuperficial.

O revolvimento profundo de solos com lajes subsuperficiais não o recupera, mas sim, o estraga.

Considere sempre: romper lajes e adensamentos mecanicamente, por exemplo, com o subsolador, somente será vantajoso se após ocorrer uma época seca. Mecanicamente, rompe-se ou pulveriza-se o solo que, nunca, porém, fica agregado.

As figuras 13 e 14 mostram que uma aração profunda com revolvimento do solo, virando a parte de cima para baixo e a de baixo para cima, somente traz solo entorroado e instável à ação das chuvas na superfície, que logo encrosta. O *"stand"* (ou população) da cultura se torna irregular, conforme o local onde as plantas se estabelecem, seja na terra agregada da superfície (plantas vegetam bem) ou seja na terra entorroada da camada subsuperficial (plantas vêm fracas ou morrem). Os agregados enterrados morrem e os torrões da laje se desmancham na chuva, provocando uma reacomodação de partículas sólidas e o encrostamento superficial, que dificulta ou impede a emergência das plantinhas. O solo piora consideravelmente. O trabalho mecânico nunca deve ser mais profundo do que 2 cm abaixo da camada agregada e bem enraizada, a fim de não destruir a camada agregada e melhorar o solo. Mecanicamente se podem romper camadas duras, mas nunca agregá-las. A agregação é especialmente um processo biológico. Na figura 15 sugere-se a maneira de trabalhar adensamentos subsuperficiais sem enterrar a esturutra grumosa superficial.

Figura 13 – Revolvimento profundo do solo pelo arado

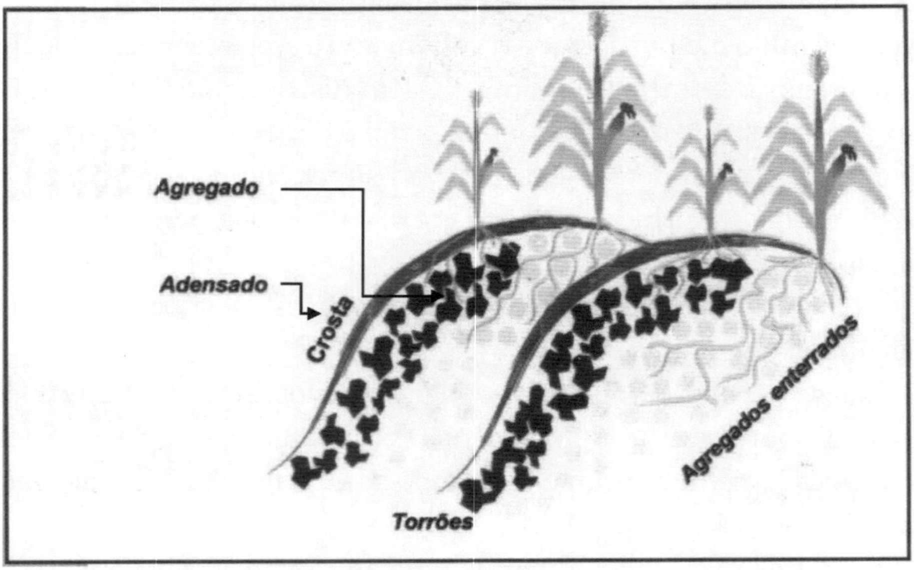

Fonte: Primavesi (1980)

Figura 14 – Influência da aração profunda com arado de disco, por causa de adensamento subsuperficial, sobre o estado estrutural posterior do solo (direita)

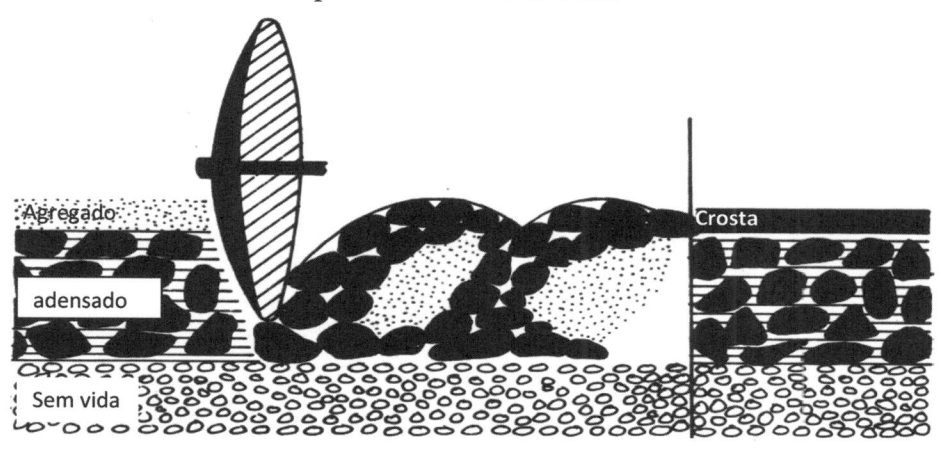

Fonte: Primavesi (1980)

Figura 15 – Como trabalhar laje subsuperficial, sobre soleira de trabalho, para preservar a estrutura grumosa superficial

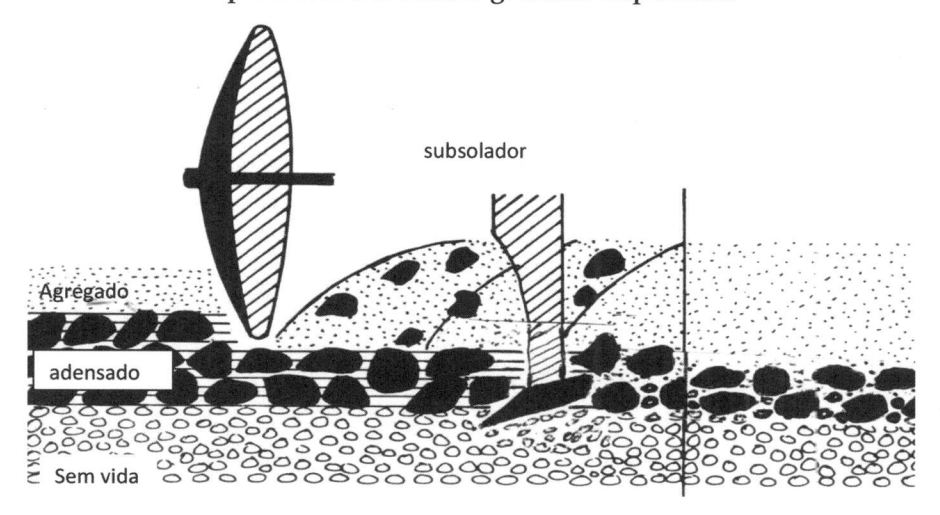

Fonte: Primavesi (1980)

13. ATIVIDADE DE MINHOCAS

Para que haja minhocas, um solo tem de conter o suficiente de matéria orgânica e ser protegido contra o ressecamento. Assim, os primeiros agricultores com Plantio Direto na palha criaram o "clube da minhoca" porque avaliavam o sucesso do PD pela quantidade de minhocas que apareciam.

As minhocas produzem agregados de até 4 mm de diâmetro (Foto 24), muito estáveis à ação da água. Especialmente pela aplicação frequente de esterco de galinha aparecem minhocas demais, que podem tornar o solo de tal maneira permeável que não consegue mais segurar a umidade.

Minhocas enriquecem a terra, que passa pelo seu intestino, com cálcio e aumentam o nível dos outros nutrientes, como nitrogênio e fósforo. Elas agregam o solo (Foto 36) e contribuem para sua permeabilidade, podendo fazer túneis de até um metro de profundidade, que contribuem para o seu melhor enraizamento. A atividade das minhocas pode ser apreciada ao observar as numerosas galerias no solo (Foto 37).

Foto 36 – Solo agregado por atividade de minhocas

Fonte: Arquivo pessoal de Odo Primavesi

Foto 37 – Entrada de galerias de minhocas

Fonte: Arquivo pessoal de Grisel de la Caridad Cabrera Dávila

Se faltar matéria orgânica e os solos adensarem, as minhocas fazem um nó no seu corpo e se enrolam em forma de pequenas bolinhas. Isso ocorre para que não percam umidade e consumam pouco oxigênio, mantendo sua sobrevivência. Porém, se esta situação permanecer por muito tempo, elas morrem.

Nos solos dos trópicos úmidos com chuvas diárias, as minhocas também fazem parte dos solos agrícolas. Na Amazônia, em pastos bem manejados, onde o solo recebe suficiente matéria orgânica e o capim nunca é mais baixo que 60 cm, o solo sempre permanece úmido e a quantidade de minhocas é surpreendente. O solo tem de ser bom para abrigar minhocas, mas as minhocas o melhoram, aumentando sua produtividade.

As minhocas vermelhas-da-Califórnia (*Eisenia fétida, E.andrei*) são muito eficientes na decomposição de esterco, produzindo composto de boa qualidade. Porém, não prestam para viver no solo e cavar. Diz-se que as minhocas gigantes-africanas (*Eudrilus eugeniae*) são mais eficientes na compostagem (embora mais usadas para isca e como alimento animal), enquanto as nativas (259 espécies das 350 ocorrentes) são mais eficientes para cavar o solo. Em solos adequados, em quatro anos toda terra passou uma vez pelo trato intestinal de minhocas.

A atividade das minhocas pode ser observada através das deposições de excrementos (ou coprólitos ou estruturas biogênicas) na superfície (Foto 14) e no perfil do solo. As deposições, em forma de agregados de até 4 mm de diâmetro, possuem alta estabilidade e contribuem para que o solo seja permeável e não encroste facilmente.

Os canais verticais que as minhocas produzem servem para infiltração da água pluvial, o arejamento e a penetração das raízes até maiores profundidades. A contribuição das minhocas à decomposição da matéria orgânica e à formação de grumos é significativa.

Por outro lado, deve-se adicionar permanentemente matéria orgânica ao solo, não somente para que as minhocas possam nutrir-se, mas também para proteger o solo contra a insolação direta e o aquecimento e ressecamento do solo. Sem umidade, as minhocas não sobrevivem.

14. NUTRIÇÃO VEGETAL

A planta necessita de:
1. Nutrientes no solo, que ela obtém:
– Da decomposição das rochas;
– Da reciclagem da matéria orgânica;
– Da mobilização, absorção e fixação pela vida no solo;
– Do aumento do espaço enraizado (maior volume de solo a ser explorado pela raiz);
– Do arejamento do solo através de sua agregação boa (íons "reduzidos" não nutrem a planta);
2. Absorção dos nutrientes. Para tal se necessita de:
– Água no solo;
– Ar no solo;
– Uma temperatura do solo ao redor de 25°C (entre 28° a 32°C). Acima de 32°C a planta não absorve mais água;
– Um potencial (pressão osmótica) radicular elevado, isto é, uma concentração alta de grupos carboxílicos (COOH-) na seiva da raiz, que sempre tem de ser maior que a concentração de íons no solo. Ela depende da fotossíntese ativa e do transporte para a raiz, que por sua vez depende da presença de suficiente boro que converte a glicose fotossintetizada para sacarose, que é móvel dentro da planta (Müller, 1971).
3. Metabolização rápida, que depende:
– Da energia disponível na planta, que é maior com uma "respiração aeróbia" (a cada mol de glicose são liberadas 693 quilocalorias, ou em torno de 288 kcal utilizáveis) e muito menor com respiração fermentativa, anaeróbia (liberando por cada mol de glicose somente 29 quilocalorias);

– Do ATP para o transporte desta energia (o ATP depende da presença de suficiente fósforo);

– De enzimas catalisadoras. As enzimas aceleram as reações químicas na planta. Porém, elas têm de ser "ativadas" e os ativadores são nutrientes, especialmente potássio, magnésio e micronutrientes (Mengel e Kirkby, 1978).

O esquema de figura 16 mostra que a falta de um ativador interrompe a cadeia das reações e a planta não consegue mais formar suas substâncias completas (macromoléculas), que permanecem "a meio caminho", inacabadas (micromoléculas), acumulando-se na seiva, sendo esta a situação em que as pragas e doenças atacam. Portanto, não existe um nutriente mais importante ou menos importante: todos são importantes. Um íon de potássio (K+) consegue catalisar apenas uma única reação química enquanto um íon de cobre serve para até 10 mil reações, o que não significa que seja menos importante que o K+, e sim que é muito mais eficiente.

A figura 11 mostra que o desenvolvimento das plantas não depende da concentração de nutrientes. Numa concentração 50 vezes diluída a planta aumenta muito seu sistema radicular e produz o mesmo que numa concentração normal.

Por outro lado, quando se omite um macronutriente como potássio ou fósforo a planta consegue substituí-lo parcialmente por outros nutrientes, como o potássio por lítio, sódio ou rubídio e o fósforo, que tem uma interação muito ativa com silício e flúor (Schreiber, 1962), especialmente em presença de matéria orgânica e uma microvida ativa. Mas quando se acrescenta uma dose normal de nitrogênio a uma solução nutritiva muito diluída (50 vezes), a planta morre intoxicada porque toda solução monossalina é tóxica e, neste caso, o nitrogênio fica praticamente sozinho. Por isso, uma adubação foliar com nitrogênio pode matar uma cultura quando a raiz não tem acesso aos outros nutrientes essenciais, como em solos adensados ou com lajes que limitam o crescimento radicular.

Figura 16 – Esquema de formação de uma substância orgânica

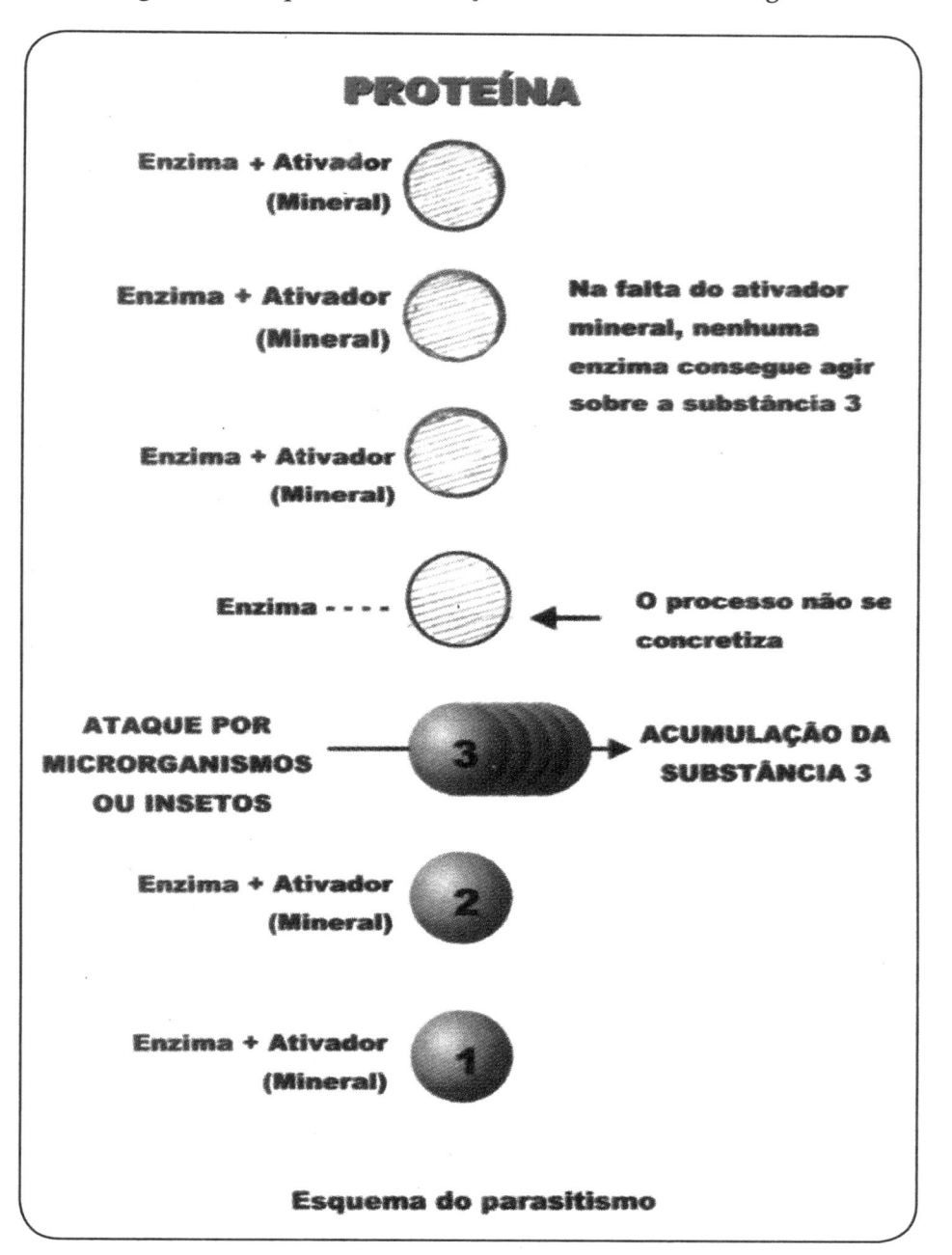

PROTEÍNA

Enzima + Ativador (Mineral)

Enzima + Ativador (Mineral) — Na falta do ativador mineral, nenhuma enzima consegue agir sobre a substância 3

Enzima + Ativador (Mineral)

Enzima - - - - → O processo não se concretiza

ATAQUE POR MICRORGANISMOS OU INSETOS → 3 → ACUMULAÇÃO DA SUBSTÂNCIA 3

Enzima + Ativador (Mineral) — 2

Enzima + Ativador (Mineral) — 1

Esquema do parasitismo

Fonte: Primavesi (1980)

15. O EXAME DAS RAÍZES

Extrai-se uma raiz e observa-se (figuras 17 e 18):

a) Se a raiz é abundante e chega a 40, 50 cm de profundidade ou mais, o solo está ótimo;

b) Se a raiz pivotante dobra acima de uma laje dura, mas ainda alcança 15 cm de profundidade (Fotos 38, 39, 40, 41), consegue-se ainda uma colheita razoável, aplicando composto Bokashi (EM-4) ou simplesmente matéria orgânica;

c) Quando a raiz vira em torno de 5 cm de profundidade, ou a raiz fasciculada de gramínea não desenvolve (Foto 42), não se consegue mais uma colheita razoável. É preciso verificar por que a raiz não consegue aprofundar mais, virando em pouca profundidade. A causa pode ser:

• Um solo muito compactado ou adensado (teste de romper um torrão). Raízes pivotantes, como de nabos, se apresentam forquilhadas ou até "galhadas" (Foto 31), podendo avançar somente nas frestas entre os torrões existentes no adensamento. Na foto 43 verifica-se o gradiente de desenvolvimento de plantas de soja em um gradiente (da esquerda para a direita) de solo erodido, compactado e pobre em matéria orgânica, num canal de erosão em sulco;

• Excesso de irrigação, que deixa o solo encharcado. Aí a raiz procura fugir do ambiente anaeróbio (a umidade deve estar entre 60 e 80% de capacidade de campo);

• Um cano adutor de água estourado, que provoca o encharcamento do solo (neste caso o solo está mosqueado como se fosse um Gleissolo);

- Matéria orgânica enterrada em 35 a 40 cm de profundidade, e que, assim, sofre decomposição anaeróbia, produzindo gases tóxicos, como metano e gás sulfídrico (solo tem cheiro de pântano);
- Bandejas de mudas, colocadas sobre o chão, em lugar de uma armação. A ação faz com que as raízes, ao passarem os furos, virem para o lado (sempre em 4 a 5 cm de profundidade), acima da superfície geralmente mais adensada do solo. Neste caso, não existe laje ou adensamento subsuperficial no solo nesta profundidade que o justifique;
- Deficiência aguda de boro, que impede que a raiz cresça normalmente. A deficiência de boro constata-se pelo desenvolvimento de rosetas em uma ou outra raiz, ao redor de uma ponta morta. As plantas sempre mostram o broto novo mais baixo do que os galhos ou folhas ao redor. Muitas vezes o broto já morreu;
- Deficiência aguda de cálcio, que permite a entrada de fungos, quando as raízes são grossas e superficiais, como ocorre facilmente em *Brassicaceae* como brócoli, couve-flor, repolho e outros, mas também em feijão;
- O uso de herbicidas sistêmicos como Roundup e 2,45 D, durante cinco a sete anos, faz com que as raízes também fiquem grossas. Estes herbicidas não matam as invasoras diretamente, mas somente enfraquecem suas raízes, permitindo a entrada de fungos que as matam;

d) Se raízes de mudas, como de verduras e flores, não saem do substrato da bandeja ou saquinho, indicam que a terra em que foram plantadas é muito pobre, especialmente em boro.

e) Se as raízes viram para o lado ou até para cima, pode ser porque foram viradas para cima ao serem enterradas com os dedos em uma covinha menos profunda que o comprimento da raiz. A solução seria aprofundar a cova ou cortar a ponta da raiz no comprimento adequado.

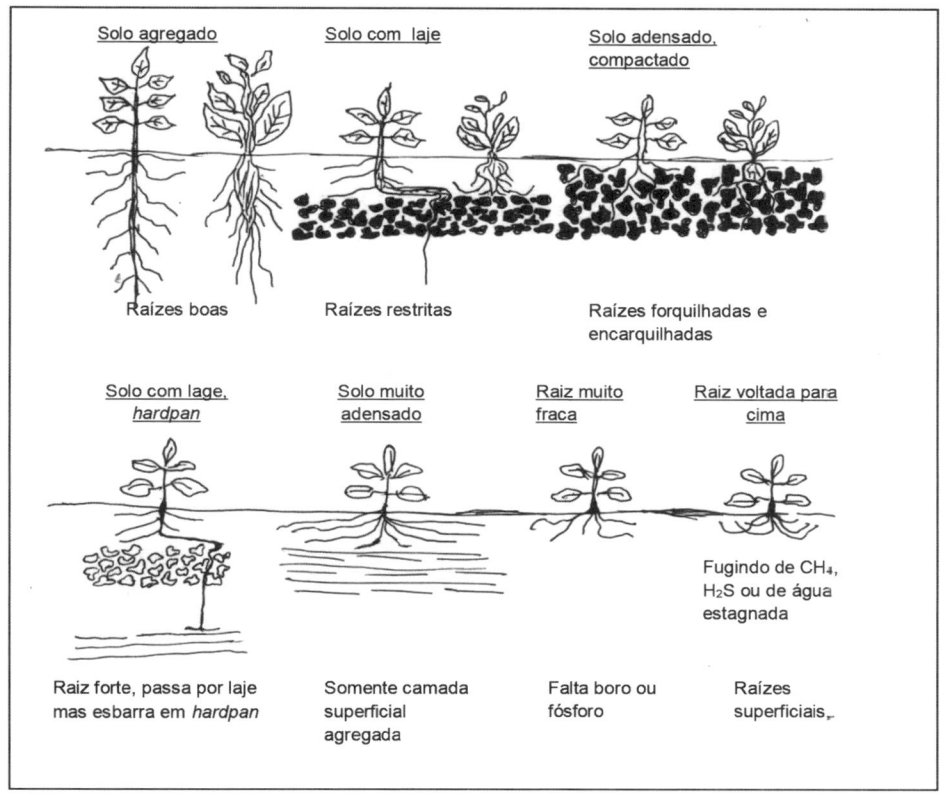

Figura 17 – Arquitetura radicular em função de adensamento ou compactação do solo

Solo agregado	Solo com laje	Solo adensado, compactado	
Raízes boas	Raízes restritas	Raízes forquilhadas e encarquilhadas	

Solo com lage, *hardpan*	Solo muito adensado	Raiz muito fraca	Raiz voltada para cima
			Fugindo de CH_4, H_2S ou de água estagnada
Raiz forte, passa por laje mas esbarra em *hardpan*	Somente camada superficial agregada	Falta boro ou fósforo	Raízes superficiais

Figura 18 – Reação das raízes relacionada a deficiências minerais

Couve e brócoli com raízes engrossadas	Raízes com rosetas, continuam crescimento	Raízes com rosetas em pontas mortas..
Falta de cálcio ou após monocultura.	Deficiência de zinco	Deficiência de boro
Raízes escuras, longas com poucas radicelas.	Raízes rachadas ou com manchas moles, brancas, apodrecidas, e com exsudações escuras.	Raízes de beterraba ocas ou com feridas escuras.
Falta enxofre	Falta cobre	Falta boro

Foto 38 – À esquerda: Raiz de um nabiça "galhada", que não se conseguiu formar por causa da compacidade do solo. À direita: Raiz de uma leguminosa que em 6 cm de profundidade forquilha por assentar-se em um torrão (adensado). Ela avança somente nas frestas entre os torrões

Fonte: Primavesi (1980)

Foto 39 – À esquerda, raiz de leguminosa que desvia para o lado em 10 cm de profundidade. O espaço radicular é restrito. Ao lado direito: raiz de guaxuma (*Sida spp*) que rompe a compactação que constituía um obstáculo para a leguminosa

Fonte: Primavesi (1980)

Foto 40 – Raiz pivotante de mamoeiro que desvia a esquerda por causa de uma laje a 15 cm

Fonte: Arquivo pessoal da autora

Foto 41 – Raiz de mamona (*Ricinus communis*) que desenvolveu primeiro paralelo à laje subsuperficial, mas depois de uma chuva conseguiu perfurar

Fonte: Arquivo pessoal da autora

Foto 42 – Raiz fasciculada de trigo em terra muito compactada (a esquerda) e o mesmo solo grumoso (a direita), beneficiando inclusive o perfilhamento

Foto 43 – Raizes de soja, e parte aérea correpondente, de mesma idade, adubação e clima, sobre mesmo solo, mas com gradiente de erosão em sulco (maior a direita) e de teor de matéria orgânica no solo e de adensamento, numa faixa de 5 m

Fonte: Arquivo pessoal de Odo Primavesi

As raízes que podem ser utilizadas para romper lajes subsuperficiais são:

No Sul:

Tremoço (*Lupinus* spp) especialmente o azul, que possui as raízes mais fortes, mas também vicia (*Vícia* spp), com sistema radicular extremamente abundante. A vicia não remove lajes rompendo-as com raízes pivotantes, mas afrouxa o solo pela grande quantidade de radicelas.

No *Centro Sul*:

a) para remover lajes mais superficiais: crotalária *(Crotalaria juncea)*, tefrósia *(Tephrosia* spp*)*, mucuna-preta *(Mucuna aterrima)*, Feijão-de-porco *(Canavalia ensiformis)*;

b) para quebrar lajes mais profundas: guandu *(Cajanus cajan* e *Cajanus indicus)*. O guandu quebra lajes em até 100 cm de profundidade, porém, somente no segundo ano.

No *Nordeste*:

Especialmente guandu ou andu, e feijão-bravo-do-ceará *(Canavalia brasiliensis)*. Os solos adensados e lajes superficiais não se removem tanto pela força das raízes, mas, especialmente, pelo *mulch* (cobertura morta) que se forma depois, quando se corta a massa verde e se deixa na superfície do solo durante três a quatro semanas.

16. O QUE AS RAÍZES COMUNICAM

A observação da raiz da planta deve ser acompanhada de sua fatia de terra. Assim, ao extrai-la, na análise da pá ou individualmente, ela será a indicadora mais confiável sobre as condições do solo, como compactações e adensamentos, a colocação correta ou errada da matéria orgânica, o transplante adequado das mudas, excesso ou falta de água ou deficiências nutricionais. Sabendo-se interpretar a "linguagem" da raiz é possível ter todas as informações necessárias. Não é o especialista que pode informar sobre o solo, mas a raiz, porque é ela que informa se o solo é adequado para a cultura e a variedade. Cada variedade possui suas próprias exigências, seu potencial radicular e sua maneira de conseguir água e nutrientes do solo. Portanto, a informação mais acertada sempre vem da própria planta, ou seja, de sua raiz.

Raízes abundantes e bem desenvolvidas sempre indicam uma nutrição e uma agregação boa da terra. Raízes pivotantes, como de nabiça, que aparecem encarquilhadas (Foto 38), indicam um solo extremamente compactado ou adensado, em que conseguem penetrar superficialmente somente com muita dificuldade.

Fitopatologistas famosos tentaram descobrir a razão pela qual tomateiros, plantados em estufas, sempre morriam quando a primeira penca de frutos começava a amadurecer. O caso ficou cada vez mais enigmático porque não se encontravam patógenos. Quando foi arrancado um pé, e depois mais alguns outros, apareceu uma coisa curiosa: as raízes estavam amarradas. Por quê? Em um arame esticado no solo em 6 cm de profundidade tinham amarrado cordas, para tutorar os tomateiros.

Inicialmente as cordas estavam frouxas. Os tomateiros foram plantados exatamente acima do lugar onde tinham amarrado as cordas tutoras, para que estes ficassem bem no centro e fossem enrolados mais facilmente. Mas as raízes empurraram a corda, ainda frouxa, para baixo, formando uma alça ao redor delas. E como não conseguiram livrar-se desta alça, os pés morriam quando tinham esgotado o solo dentro da alça. Quando plantaram os tomateiros 5 cm ao lado do ponto de amarração da corda tutora, não morreu mais nenhum tomateiro e a colheita foi abundante. Apenas a raiz pode dar a informação necessária.

Outro caso semelhante ocorreu em uma cooperativa de agricultura orgânica. O último terço das estufas sempre tinha plantas pequenas e pobres, que nunca conseguiam crescer. Primeiro, procuraram por doenças, mas não encontravam nenhuma. Depois, acharam que faltava nitrogênio e, apesar dessas plantas serem cultivadas organicamente, aumentaram cada vez mais as adubações nitrogenadas. Mas as plantas não desenvolviam, nem com superdoses de ureia. Os vizinhos convencionais já declararam que isso era maldição da agricultura orgânica e a situação ficou cada vez mais crítica. Quando, finalmente, algumas raízes foram arrancadas, todas estavam muito superficiais e pingavam água: água salina. O problema não estava na nutrição, nem na maldição, mas na falta de drenagem. Com canteiros levantados e valetas de drenagem, resolveu-se o que antes parecia tão misterioso.

Em casos em que se exige uma irrigação permanente, chegando a encharcar o solo, é bem provável que as raízes fiquem muito superficiais. Plantas que murcham com uma a duas horas de sol têm um problema, porque em solos agregados e drenados elas conseguem manter-se bem durante uma semana sem irrigação, especialmente quando o solo for protegido contra a insolação direta (não aquece acima de 32°C). De modo que, em casos de superirrigação, é preciso descobrir por que as raízes são pequenas e superficiais. As razões podem ser:

• Deficiência de cálcio, especialmente em cultivos consecutivos de repolho, couve-flor e brócoli, onde as raízes engrossam muito, graças ao ataque de fungos;

• Falta de boro;

• Gases emitidos pela matéria orgânica enterrada em 30 cm de profundidade;

• Excesso de adubos químicos (como em batatinhas e moranguinhos) que, aumentando a salinidade da solução do solo, reduzem drasticamente o sistema radicular.

17. PRAGAS E DOENÇAS

O que elas indicam

> Quando pragas atacam seus campos,
> elas vêm como mensageiras do céu
> para avisá-lo que seu solo está doente.
> *Sabedoria da filosofia védica. 1.600 a.C.*

O combate às pragas e doenças elimina os sintomas, mas não controla suas causas. Causas não se combatem, mas se previnem. É absolutamente contraproducente trabalhar com solo doente e plantas doentes e depois tentar evitar que pragas e doenças ou patógenos as ataquem.

Uma planta está doente antes de ser atacada e continua doente mesmo quando o parasita está morto, tanto faz se foi morto por um agrotóxico, uma "calda orgânica" ou um "inimigo" natural. Todos controlam somente o parasita, mas não curam a planta.

Foto 44 – Fotografia Kirlian do campo energético de folha de feijoeiro

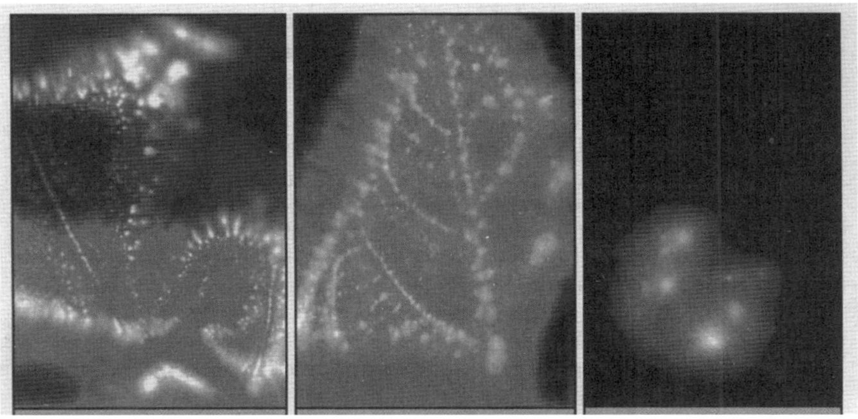

Fonte: Arquivo pessoal da autora

A foto 44, na esquerda, mostra uma folha de feijoeiro tratada por pesticidas. Embora sem parasita, ainda é uma folha seriamente doente. Seu campo energético é completamente confuso. No meio aparece uma folha normal, saudável, mostrando exatamente sua forma e as nervuras. À direta, onde se usou somente matéria orgânica, a folha não é tão doente quanto a primeira, mas como a variedade não está adaptada ao solo e ao clima, ainda possui um campo energético encolhido e anormal. Isso mostra que a saúde da planta não se consegue pelo combate das doenças ou pragas, nem pelo uso exclusivo de composto ou matéria orgânica. Em muitos casos, necessita-se de uma adubação foliar com os micronutrientes deficientes ou com uma calda bacteriana (neste caso EM-4) que aumenta o metabolismo e a capacidade de absorção da planta.

As plantas somente são saudáveis quando conseguem formar todas as substâncias a que são capacitadas geneticamente. Neste caso, o produto vegetal é de alto valor biológico, por ser integral. O produto de uma planta deficiente e consequentemente doente é de valor biológico baixo. O homem que se nutre com estes alimentos também não é saudável, mas doente de corpo e de espírito. Por isso existem tantas doenças, físicas e mentais, especialmente as depressivas.

A *trofobiose* (Chaboussou, 1980) mostra "a vida em função da alimentação". Antes de tudo, mostra que nenhum nutriente existe de forma isolada, mas todos encontram-se em proporções exatas uns com os outros. Isso significa que, se um nutriente aumentar, outro entrará em falta, impedindo que determinada substância que dependa da presença suficiente deste nutriente possa se formar na planta. Resulta um produto semiacabado, de baixo peso molecular, que circula na seiva, e fica disponível ao micróbio ou inseto que possua a enzima que possa decompor e usar esta substância.

A figura 14 mostra o esquema da formação de uma substância. Cada reação química na planta necessita de uma enzima catalisadora para apressar esta reação e, esta enzima, precisa de um mineral ativador. Se faltar o mineral, a enzima não consegue apressar a reação e a substância fica circulando na seiva, "oferecendo-se" num "sopão" nutritivo ao fungo, bactéria, vírus ou inseto. A planta é atacada por um "parasita" que, de fato, somente é obrigado pela natureza a eliminar o que não presta mais para uma vida saudável. A planta já está doente antes que o parasita ataque.

O tratamento convencional do solo com calagem e NPK desequilibra todos os outros nutrientes. Assim, Bergmann e Neubert (1976) mostram que, comprovadamente, diversas doenças de cultivos agrícolas são causadas pelo excesso de nitrogênio (Tabela 18).

Tabela 18 – Doenças causadas pelo nitrogênio

Cultura	Doença
Fumo	Pseudomonas
Tomate, fumo	Alternaria
Tomate, algodão	Verticillium
Batatinha	Erwinia
Alface, nabos, videira	Peronospora
Videira, moranguinhos	Botrytis
Cereais, frutíferas	Erysiphe
Trigo	Septoria
Cereais, feijão	Puccinia e Uromyces

Fonte: Bergmann e Neubert (1976)

18. COMO SE CRIAM PRAGAS

Existe a ideia de que pragas são sempre parasitas. Mas como se explica que há 20 anos existiam 193 pragas no Brasil (Paschoal, 1979) e hoje elas passam de 627? De onde vieram? Existem cerca de 900 mil espécies de insetos. Se somente 10% se tornassem parasitas, seria o suficiente para acabar com nossa base alimentar e, com isso, com a espécie humana.

Pergunta-se: "Deus seria tão perverso a ponto de querer infernizar a vida humana através dos insetos?" Explicou-se no "ciclo da vida" que insetos e micróbios somente são a "polícia sanitária" do nosso planeta, sendo programados a decompor e reciclar, através de enzimas, as substâncias inacabadas que circulam na seiva sem uso e destino. A natureza considera doente uma planta destas, com muitas substâncias inacabadas (micromoléculas) circulando. E tudo que é doente tem de ser exterminado, ou melhor, reciclado. Certamente é mais "humano" cuidar com todo amor dos doentes e fracos. Porém, se estes indivíduos tivessem as mesmas possibilidades de se multiplicar como os seres sãos, a vida teria degenerado há muitos milênios e, com isso, teria acabado. Parasitas, à semelhança de soldados, também têm uma "vida civil". Eles somente atacam uma planta quando esta constitui perigo para a continuação da vida sadia e produtiva. Ocorre que os seres humanos não se interessam pelos insetos e micróbios em estado normal. Somente começam a se interessar quando atacam uma cultura de valor comercial ou sentimental.

Alguns exemplos clássicos:

– A bactéria *Escherichia coli*, que vive normalmente no intestino humano, ajudando na digestão. Mas também pode tornar-se patógena, causando sérias doenças, sendo o seu número na água considerado fator limitante para que esta seja considerada potável.

– O *Clostridium botulinum*, que vive no solo como fixador anaeróbio de nitrogênio, também pode tornar-se causador do botulismo no gado, matando-o.

– As *Pseudomonas*, que vivem na rizosfera do fumo, fixando nitrogênio, podem devastar a planta. Quando ocorre deficiência em potássio, elas atacam-no na forma de "queima bacteriana".

Não faz ainda muito tempo que as viroses na agricultura eram uma raridade. Atualmente são cada vez mais frequentes. De onde vieram?

Porém, sabe-se que fungos, bactérias, vírus e insetos estão relacionados a deficiências minerais. Na tabela 19 pode-se ver alguns exemplos.

Tabela 19 – Relação de doenças e pragas com deficiência mineral em plantas

Parasita e patógeno na cultura	Deficiência de
Ferrugem (*Puccinia graminis tritici*) em trigo	Boro e cobre
Elasmo (*Elasmopalpus lignosellus*) em milho e feijão	Zinco (na semente)
Lagarta do cartucho (*Spodoptera frugiperda*) em milho	Boro
Serrador (*Oncideres impluviata*) em árvores	Magnésio
Sarna (*Streptomyces scabies*) em batatinhas	Boro
Cochonilhas em videiras e frutíferas	Cálcio
Míldio (*Botrytis*) em abóbora, videira, girassol	Boro e Cobre
Brusone (*Pyricularia oryzae*) em arroz irrigado por submersão	Cobre
Curuquerê da couve (*Ascia monuste orseis*) em couve, repolho, couve-flor, brócoli	Molibdênio
Vaquinha ou Patriota (*Diabrotica speciosa*) em feijão, verduras etc.	Solo muito adensado, duro (Respiração fermentativa)
Saúvas (*Atta sexdens*) e quem-quem (*Acromyrmex*)	Molibdênio
Bacteriose (*Pseudomonas sp.*) em aveia branca	Manganês
Pulgão da couve (*Brevicoryne brassicae*)	Potássio
Pulgão (*Brachycaudus sp ou Anuraphis spp.*) em pessegueiro	Cálcio e Potássio
Pulgão nos brotos novos, múltiplos de citrus (*Toxoptera citricida*)	Cobre

Ocorrência de pragas

1. *Em solos decaídos*, as pragas ocorrem pelos seguintes motivos:

a) aração profunda;

b) falta de matéria orgânica;

c) superfície limpa e desprotegida contra a insolação e o impacto da chuva;

d) calagem corretiva que desagrega o solo tropical, deixando-o adensar-se;

e) passagem frequente de máquinas pesadas sobre o campo;

f) incidência constante de vento, que resseca a área.

As plantas são cada vez mais fracas e com resistência cada vez menor (falta a produção de substâncias como fenóis ou fitoalexinas com que as plantas se protegem, quando bem nutridas);

2. *Em monoculturas* de uma variedade só. Porém, em cultivos com uma espécie, por exemplo, milho, trigo, arroz, feijão e outros, mas de variedades diferentes, formados pela diversidade genética (base genética ampla), em que cada planta se adapta a outras condições, o problema da monocultura é muito menor ou não existe. Antigamente usavam-se culturas consorciadas como milho-feijão-mandioca-abóbora, que garantiam a proteção do solo e a diversidade da matéria orgânica;

3. *Com híbridos* não adaptados ao solo e ao clima;

4. *Pela adubação química*: aplicando somente três elementos (NPK) enquanto a planta utiliza em torno de 46 (17 essenciais, 4 benéficos, 5 que podem influenciar alguma espécie em determinado ambiente e mais outros 20 se a forragem for destinada à nutrição animal), ocorre o desequilíbrio dos outros nutrientes;

5. *Pelo uso rotineiro de defensivos* que:

a) criam o excesso do mineral base na planta, desequilibrando os outros;

b) causam a adaptação dos parasitas aos defensivos;

c) matam todos os inimigos naturais.

Em roças novas, ou seja, em terrenos recém-desbravados, se não for feita uma aração profunda, as culturas sempre estarão com saúde e terão colheitas elevadas. Com a gradativa decadência da estrutura granular (agregados) do solo ocorre a diminuição das colheitas e as pragas e as doenças se instalam: *solo doente gera planta doente*. De solos decaídos, doentes, não se pode esperar culturas sadias. *Culturas doentes, que são atacadas por parasitas, têm sempre um valor biológico baixo*.

Na foto 45, à esquerda, folhas de palma-de-santa rita (*Gladiolus sp.*) que são pulverizadas diariamente com fungicida contra ferrugem podem receber até 60 aplicações de agrotóxico. A folha é limpa de ferrugem, porém, o campo energético da planta mostra uma perda intensa de energia, que significa que a planta está gravemente doente, embora sem parasita, que está sendo "controlado". O controle de parasitas não cura a planta, somente a mantém limpa visualmente.

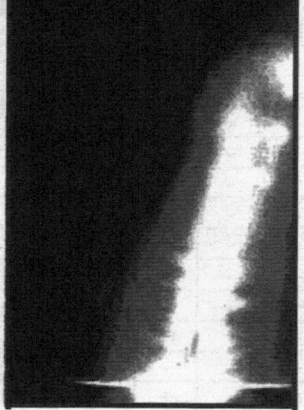

Foto 45 – Fotografia Kilian de folhas de gradíolo

Fonte: Arquivo pessoal da autora

19. EQUILÍBRIO ENTRE OS NUTRIENTES (TROFOBIOSE)

Trofobiose significa que todo e qualquer ser vivo só sobrevive se houver alimento adequado disponível para ele.

Quando se aumenta um dos nutrientes, por exemplo, K, os outros entram em deficiência, por exemplo, Ca+Mg (tabelas 20, 21 e 22).

Tabela 20 – Equilíbrio entre ácidos e bases

Ácidos	Bases
(ânions)	(cátions)
$(P - S - Cl - NO_3)/100$	$(K - Ca - Mg - Na - NH_4)/100$

Tabela 21 – Equilíbrio entre macronutrientes, micronutrientes, e macro e micronutrientes

Equilíbrio		
Entre micronutrientes	Entre macronutrientes	Macro e micronutrientes
Fe/Mn = 3/2 (até 3.000/2.000)	N/K = 2	N/Cu = 1.250
Fe/Cu/Co = 500/10/1	Ca/K = 8	K/B = 100 a 150
Fe/Cu/Mo = 500/10/2	Ca/Mg = 3 a 6	P/Zn = 35
	P/S = 1 (ou 0,7)	Ca/Mn = 530

Como cada excesso induz a uma deficiência (Tabela 22), e cada deficiência "chama" um parasita, a aplicação rotineira de algum defensivo com base mineral, tanto faz se é químico ou chamado de orgânico, como a calda Bordalesa, sempre acarreta o excesso de um mineral e a deficiência de outros (Tabela 23). Isso, infalivelmente, provoca o ataque de algum outro parasita. Pode se dizer, portanto, que essa é razão dos "calendários de pulverização" porque se sabe, por experiência, quais as pragas que vão aparecer como sequela do defensivo aplicado. Assim, em videiras, Maneb contra *Botrytis* provoca antracnose, fosforados em excesso a controlam, mas provocam a broca-do-caule, e assim por diante.

Tabela 22 – Deficiência induzida pelo excesso de nutrientes

Excesso	Deficiências induzidas															
	NH4	NO3	P	K	Ca	Mg	S	B	Cu	Zn	Mn	Fe	Mo	Co	Na	Si
NH4	-	-	+	+	+	+	-	+	++	+	+	Tox	-	+	+	-
NO3	-	-	-	+	+	-	+	-	-	-	-	-	++	-	-	-
P	-	-	-	+	+	-	+	+	+	++	+	+	+	+	-	-
K	+	-	-	-	+	+	+	++	+	+	+	+	+	-	+	-
Ca	+	-	-	+	-	+	+	+	+	+	++	+	-	-	-	-
Mg	-	-	-	+	+	-	+	+	+	+	-	-	-	-	-	-
S	-	+	++	-	+	-	-	-	+	+	+	Tox	+	-	-	-
B	-	-	+	++	+	+	-	-	-	-	+	+	-	-	-	-
Cu	++	-	-	-	-	-	-	-	+	+	+	+	-	-	-	-
Zn	-	-	++	+	+	-	-	-	-	-	+	-	-	-	+	-
Mn	-	-	-	+	+	+	-	-	-	+	-	++	+	-	-	+
Fe	-	-	+	-	-	+	-	-	-	+	++	-	+	-	-	-
Mo	-	+	-	-	++	+	-	+	+	-	-	+	-	-	-	-
Co	-	-	-	-	-	-	-	-	-	+	-	-	-	-	-	-
Na	+	-	-	+	-	-	-	-	-	-	-	-	+	-	-	-
Si	-	-	-	-	-	-	-	+	+	+	+	-	-	-	-	-
Cl	Tox	Tox	-	+	-	-	-	-	-	-	-	-	-	-	-	-
Al	-	-	+	-	+	+	-	-	-	Tox	-	+	-	-	-	-

Fonte: Bergmann & Neubert (1976)
++ Deficiência mais frequente por causa de uma relação sensível
Tox.= tóxico

Tabela 23 – Deficiências induzidas por defensivos com base mineral

Metal principal	Produto	Deficiência induzida
Cu	Calda Bordalesa, Nortox, Cupravit	Fe, Mn, Mo, Zn
Fe	Fermate, Ferban	Mg, Mn, Mo, Zn
Mn	Maneb, Manzate, Trimangol	Ca, Fe, Mo, Zn
NH4	Captane, Glyodin, Brasicol	Cu, B, Ca, K, Mg, P
Na	Naban	NH4, K, Mo
P	Malathion, Parathion, Fosalone, Supracid	Zn, S, Mn, Fe, B
S	Calda Sulfocálcica, Thiovit, Arasan, Cosan	Ca, Cu, P

Por isso, Chaboussou (1981) escreveu um livro: "As plantas doentes pelo uso de agrotóxico", no qual mostrou o efeito de defensivos sobre citrus (Tabela 24).

Tabela 24 – Análise foliar de citrus, com e sem defensivos

	N	P	K	Ca	Mg	S	Fe	Mn	Cu	Zn	B	Na
	Gramas/quilograma						miligrama/quilograma					
Com	25	1,8	14	49,5	2,7	3,4	200	105	25	168	152	50
Sem	25	1,4	13	35,9	3,1	2,2	162	100	10	125	69	40

Defensivos usados: Folicur, Vertimec, Torque, Savey, Benlate, Dithane, Cobre Recop, Sportak, Supracid, Kilval, Neoron, Thiovit e calda sulfocálcica. Fonte: Chaboussou (1981)

Se as raízes forem profundas e a época com chuva suficiente, a aplicação de EM-4 aumenta a colheita e a saúde das árvores consideravelmente.

20. O USO DE CALDAS

A *Calda sulfocálcica* precisa ter o seu grau Baumé calibrado para a faixa entre 28° a 31°. Se for usado regularmente contra ácaros causa o excesso de enxofre, que provoca o aparecimento de cochonilhas. É melhor ser pincelada, no tronco, somente a cada três meses.

A *Calda bordalesa*, quando usada regularmente sobre as folhas, causa o excesso de cobre, que provoca doenças bacterianas e viróticas.

A *Calda viçosa* deve ser pulverizada somente no tronco (até 1 m de altura).

A *Calda de bokashi:* quando usado semanalmente, pode induzir a deficiência de boro, que permite o aparecimento de lagartas.

O *Supermagro* é melhor quanto mais completo for. Na aplicação foliar deve ser usado na concentração de 0,5% e, somente, duas a três vezes, nunca regularmente. É mais seguro quando usado no solo. Quando sofre fermentação semiaeróbia e apresenta um cheiro podre, está estragado e não deve ser usado. Sua fermentação deve ser anaeróbia (melhor), produzindo um cheiro de ácido lático, ou aeróbica, mexendo-o três a quatro vezes ao dia, o que é muito trabalhoso. Na Colômbia, utiliza-se oxigênio líquido para garantir a fermentação aeróbica.

Todas as caldas têm um prazo restrito para seu uso e não podem ser guardados por mais tempo.

Vale a regra: é melhor prevenir do que combater. Em solos sadios, as plantas são sadias e as caldas não precisam ser utilizadas. Podem ter certeza: quanto mais caldas forem precisas tanto pior é o solo.

21. PLANTAS INDICADORAS

Talvez a única maneira para se saber o que acontece com o solo seja tirar uma amostra de terra e analisá-la. Às vezes, isso leva três meses e o agricultor não sabe o que fazer para salvar sua cultura.

Por outro lado, é possível interpretar o grau de seca do solo por meio de plantas. Assim, o facheiro (*Plisocereus pachycladus*) e o mandacaru (*Cereus jamacaru*) aparecem em regiões semiáridas com pouca chuva e longos períodos de seca. O mandacaru, muitas vezes, se desenvolve em solos muito ressequidos, que o xique-xique (*Pilocereus gounelli*) também prefere. Na algarobeira (*Prosopis juliflora*), o solo normalmente é arenoso, mas com um lençol freático não muito profundo ou até bastante superficial.

Em solos arenosos ou em pastos decaídos pela renovação frequente, aparece o rabo-de-burro (*Andropogon bicornis*), que indica a formação de uma camada impermeável de 80 a 100 cm de profundidade que estagna a água da chuva. Rompendo esta camada, o rabo-de-burro desaparece.

Até a Bíblia cita que, na Babilônia, plantou-se primeiro trigo. Todavia, como os solos salinizavam pela irrigação mal feita, mais tarde foi possível plantar somente cevada. Quando o pH subiu mais ainda, as colheitas continuaram diminuindo e a Babilônia, mal nutrida, foi vencida pelos Assírios.

Existem exemplos mais recentes. Meu pai viveu e trabalhou no início do século XX (no Sul da Áustria), numa região onde o povo se nutria de pão de centeio e aveia, sendo esta última também fornecida aos cavalos. Porém, os campos estavam sendo invadidos cada vez mais pela papoula, e as colheitas de centeio e aveia diminuíam a cada ano.

Muitas propriedades já não conseguiam mais alimentar as famílias. Por quê? Levei amostras de terra para a Universidade, onde as analisei: o pH e o cálcio estavam altos. Aconselhei meu pai a plantar trigo e cevada. Ele não gostou: "Durante mais de mil anos, a população daqui sempre comeu pão de centeio. Você pensa que dezenas de gerações de pessoas eram todas burras, e somente você é inteligente?". Disse-lhe que como com o decorrer dos anos de manejo realizado o pH mudou para mais e, como aveia e centeio gostam de pH baixo, a conclusão lógica, não era invenção minha, seria plantar os cereais que gostam de pH mais alto: o trigo e a cevada. Ele tentou, e o resultado foi mais que surpreendente. As colheitas foram as maiores de que se tinha lembrança.

Atualmente, graças à genética e aos pacotes tecnológicos intensos (que padronizam as características dos ambientes, das terras), as culturas foram adaptadas a todos os países, solo, latitudes e altitudes. Assim, na Europa Central, planta-se milho em lugar de centeio. As batatinhas desceram dos Andes e atingiram o Hemisfério Norte; a soja saiu da China e se espalhou pelo mundo de clima temperado ao tropical, porém as plantas nativas ainda crescem de acordo com as condições de solo e do clima local.

Nos solos tropicais, sabe-se que a enorme biodiversidade é a base de sua produtividade. Toda modificação que ocorre no solo melhora ou piora outras sucessões vegetais. A natureza lança mão das plantas nativas para corrigir deficiências ou excessos minerais, compactações, encrostamentos superficiais ou águas estagnadas. Enfim, ela tenta restabelecer a condição ótima de maior produtividade. E todos sabem que um solo abandonado (pousio) sob a vegetação nativa, a capoeira, se refaz completamente, tanto física, quanto química e biologicamente. De onde vêm os nutrientes? Qual o segredo? O que fazem as plantas nativas que chamamos de invasoras ou plantas daninhas? Sabe-se que são indicadoras específicas para a situação que devem corrigir. E, portanto, são também saneadoras ou recuperadoras.

O que fazemos aqui é usar as invasoras como indicadoras. Vale também dizer que toda planta nativa é uma indicadora. É um ecótipo. Ainda conhecemos muito poucas e este texto deve servir mais para estimular a observação e a pesquisa do que para decorar listas de plantas.

Algo sobre plantas nativas invasoras em cultivos vegetais

Relações de culturas x invasoras: sistema de fotossíntese

O maior problema de cultivos em solos tropicais é que, das quinze plantas de cultura mais utilizadas, doze possuem o mecanismo fotossintético do tipo C-3 (ciclo de Calvin), próprio do clima temperado. As plantas necessitam aproximadamente de 1 a 3% de CO_2 do ar para a fotossíntese (pois com aumento de temperatura ocorre perda por fotorrespiração) e por isso têm de "trabalhar" com os estômatos completamente abertos, podendo perder muita água por evapotranspiração. Nas horas quentes do dia, os estômatos se fecham e a fotossíntese e a produção de biomassa são interrompidas. As plantas crescem somente nas horas mais frescas do dia. Seu primeiro produto químico (energia química) é a glicose.

Somente três das quinze culturas (milho, sorgo e cana-de-açúcar) possuem fotossíntese do tipo C-4 (ciclo de *Hatch/Slack*) e necessitam de somente 0,1 a 0,5% do CO_2 do ar. Essas culturas podem fotossintetizar mesmo com os estômatos quase fechados, isto é, mesmo durante as horas quentes do dia, com a maior incidência de radiação solar, não param de produzir biomassa, e continuam a crescer e produzir.

Seus primeiros produtos fotossintetizados são malatos e aspartatos, aminoácidos simples, comuns a todas as plantas de clima tropical. Em contrapartida, 32 (42%) das 76 invasoras mais temidas no mundo pertencem ao grupo C-4. Portanto, estão em franca vantagem sob condições de clima tropical em cultivos de plantas C-3, dominando facilmente as culturas de valor econômico.

Alelopatia negativa

As plantas nativas (invasoras) em parte estão em vantagem por serem do tipo C-4, mas ainda assim usam substâncias alelopáticas como escopoletina, cumarina, vanilina e outras, bem como exsudações radiculares para defender e assegurar seu espaço. O conjunto de fatores de competição afeta seriamente o rendimento da cultura, especialmente em regiões úmidas ou sob irrigação.

Mas também as plantas de cultura trabalham com exsudações radiculares que as defendem contra invasoras. Assim, por exemplo, a alfafa excreta saponinas que afetam muitas outras plantas, mas igualmente causam autointolerância da própria alfafa, como também as exsudações de sorgo, repolho e outros. Por isso, não podem ser replantados no mesmo campo. No Equador, onde existe tremoço nativo (*Lupinus mutabilis*), encontra-se a população mais baixa de invasoras de toda região andina, graças ao efeito alelopático muito forte.

Alelopatia positiva

Mas também existem plantas invasoras com "alelopatia positiva" ou sinergia, como o picão-preto (*Bidens pilosa*) ou o mastruz (*Lepidium virginicum*), que possuem exsudações radiculares que estimulam, por exemplo, o crescimento de milho.

Biodiversidade

As plantas invasoras aumentam a biodiversidade local. Constatou-se que, na agricultura convencional, as espécies de invasoras foram reduzidas à metade das que existiam nos campos de agricultura tradicionais, que ainda apresentam um mosaico de variabilidade de características do solo, e que a tecnologia da calagem e da adubação procura padronizar para as culturas criadas para responder à disponibilidade maior de nitrogênio. Na Argentina, a diversidade das invasoras diminuiu muito não tanto por causa dos herbicidas, mas por causa do uso de adubos nitrogenados. Comparando 1.200 fazendas constatou-se que a diversidade da flora nativa (mato) está 25 a 600% maior em terras manejadas ecologicamente do que sob manejo convencional. Consequentemente, nos campos dos agricultores tradicionais aumenta o número de espécies de micróbios e pequenos animais do solo e, dessa maneira, a mobilização de nutrientes e a produtividade dos solos.

Plantas nativas invasoras (segetais) e os parasitas dos cultivos

Quando uma espécie de planta nativa (segetal; seria ruderal quando ocorre em área agrícola abandonada) aumenta muito em uma cultura, esta pode ser hospedeira de nematoides, e outras consideradas pragas. Se houver grande diversidade de plantas invasoras, esses nematoides e pragas ajudam a manter o equilíbrio dos organismos do solo, e a possibilidade de que a cultura seja parasitada é muito menor.

Faz-se uma observação interessante: quando o alho é plantado sozinho, livre de invasoras, ele pode ser afetado seriamente por *Meloydogine incognita*. Mas quando cresce em conjunto com uma população média de tiririca ou junquinho (*Cyperus esculentus*), os nematoides podem existir no solo, mas não afetam o desenvolvimento do alho.

As monoculturas favorecem o desenvolvimento de algumas poucas espécies de vegetais (invasoras) adaptadas ao cultivo e seu tratamento (aração, insumos, agrotóxicos). Assim, em monocultivo de arroz, aparece o arroz vermelho, de controle muito difícil. Porém, quando se usa a rotação com soja, esta infestação pode ser reduzida em 82%. Isso não ocorre por causa da presença de uma ou outra cultura, mas por causa de um uso diferente do solo por esta outra cultura (especialmente dos nutrientes). Pode-se dizer: a invasora aparece em concordância com o clima e o estado cultural do solo e não por causa da espécie de cultura plantada, embora esta sempre venha acompanhada por invasoras específicas, graças ao esgotamento ou acúmulo de um ou outro nutriente.

Gutte (1995) e Nieto (1997) constataram que, nos Andes bolivianos e equatorianos, existem associações distintas de invasoras nos agroecossistemas das diversas culturas (diferença de clima e solo), mas não existia diferença considerável de invasoras entre as diversas culturas. Invasoras são ecótipos. O que é de importância é a exploração do solo pelo cultivo. O melhoramento ou decadência de sua estrutura grumosa variam conforme o preparo do solo, o desenvolvimento radicular e a quantidade de matéria orgânica devolvida. Por isso, invasoras são indicadoras das condições do solo, como o pH, nutrientes oferecidos, compactação (falta de arejamento adequado), lajes impermeáveis (impedimento ao desenvolvimento radicular; estagnação de água) e outros.

Controle das invasoras por vegetação nativa

O descanso (pousio) ou simplesmente o abandono de um solo por algum tempo é fundamental para o controle das invasoras. Depois de alguns anos, as invasoras não conseguem mais competir com a vegetação nativa que se estabelece (recuperação dos solos pela capoeira). Mas quando essa vegetação é novamente roçada e o solo cultivado, ela não consegue resistir ao preparo do solo e aos insumos. Neste ponto aparecem as "plantas invasoras", que são indicadoras, saneadoras das condições desfavoráveis criadas no solo cultivado, procurando recuperá-lo biologicamente.

Do mesmo modo o uso temporário do campo como pasto, embora não permita a sucessão natural de espécies vegetais, ajuda a suprimir a maior parte das invasoras. Porém, em sistemas intensivos, os pastos têm de tomar o lugar do descanso ou pousio.

Competição: cultivo *x* invasoras

Os cultivos desenvolveram um mecanismo de competição e de tolerância para com as invasoras. Entre 25 culturas, o trigo e a aveia são os mais competitivos, rendendo em cultivos inçados ou praguejados ainda 75% da colheita dos cultivos mantidos no limpo, enquanto alho, cebola e cenoura não suportam a concorrência de plantas invasoras, sendo os dois primeiros especialmente sensíveis contra leguminosas. No México, ainda se planta uma variedade de milho (*Olotillo*) com colmo muito comprido que, embora não sendo o mais produtivo, convive bem com as invasoras. Porém, as variedades de milho mais produtivas, mais baixas, não conseguem crescer sem o uso de herbicidas (ou de capinas) porque perderam sua competitividade.

Cultivos consorciados

Cultivos consorciados, conforme se usavam antigamente, como milho+feijão+mandioca+abóbora, eram menos invadidos por plantas nativas e muito menos atacados por pragas e doenças (patógenos). Assim, a abóbora impede muitas plantas invasoras que normalmente aparecem no milho. Segundo Lockerman e Putnam (1979), as cucurbitáceas não somente cobrem melhor o solo com suas folhas, mas tem igualmente efeito alelopático sobre muitas invasoras. Culturas mistas, consorciadas, como milho+feijão+abóbora, equivalem a uma rotação. Também existe a opção de cultivo em faixas alternadas, muito utilizado em implantação de pomares e sistemas florestais. Como de faixas de arroz e algodão em plantios de citros. Ou faixas de milho, mandioca e feijão, com ou sem presença de linhas de guandu, onde, pela diversidade de altura ocorre efeito de quebra-vento de uma cultura para outra.

As gramíneas (raízes fasciculadas, bem como maior retorno de material celulósico) melhoram muito mais a estrutura do solo do que as leguminosas (raízes pivotantes, retorno de matéria de rápida decomposição), portanto uma rotação de culturas com pasto é francamente favorável, inclusive no controle das invasoras. Assim, a rotação de batata com capim-pangola, usada no Peru, é vantajosa. Em cafezais no Brasil, utiliza-se o manejo de capim braquiaria brizanta entre as linhas, com grande vantagem.

Controle de invasoras por cobertura morta, fungos e insetos

A cobertura do solo, como o *mulch* (cobertura morta, de restos vegetais), quando atinge de 5 a 6 cm de espessura, controla as invasoras. A função do *mulch* assemelha-se à das lonas plásticas pretas que, porém, produzem muitos resíduos (atualmente usam-se lonas de papel biodegradáveis). No Plantio Direto na palha (existe o sem palha, mas que não atinge seu objetivo principal), usa-se uma camada de palha na superfície do solo. Muitas vezes esta camada é fina, como na monocultura de soja, e não consegue controlar as invasoras, especialmente quando estas são indicadoras de uma deficiência (amendoim-bravo) ou compactação (guanxuma).

Vários produtos à base de fungos são usados no combate a invasoras como *Colletotrichum gloeosporioides* (antracnose) contra a vicia (*Aeschynomene virginica*) em arroz, mas também contra uma malva (*Malva pusilla*), que invade campos de outros cereais. Ou um produto de uma variedade de *Phytophthora palmivora* contra o cipó (*Morrenia odorata*), que invade plantações de citros, ou o uso de produtos de *Puccinia* (ferrugem de cereais) contra uma *Asteracea*, que cresce como carrapicho (*Xanthium cavanillesii*) em pastagens. Por enquanto, estes produtos ainda saem muito caros, mas são cada vez mais pesquisados.

Também se usam diversos insetos para erradicar a palma-forrageira (*Opuntia inermis*), que está invadindo as pastagens na Austrália, ou o lírio-da-água (*Eichornia crassipes*), que surgiu nos lagos dos EUA.

Plantas que indicam o pH do solo

• Grama-missioneira (*Axonopus compressus*). Chama-se também grama-jesuíta, grama-são-carlos, grama-argentina, grama-sempre-verde, grama-tapete, capim-cabaiu, capitinga ou capim-três-forquilhas. Desenvolve em solos muito ácidos e pobres, com pH de 3,4 a 4,2.

• Taboca, taquara ou bambuzinho (*Guadua trinii* ou *Bambusa trinii*). Aparece em terrenos desmatados e frequentemente queimados. Acidifica o solo, enriquecendo-o com alumínio, mas bem agregado. Mesmo

eliminado do pasto ou campo, permanecem manchas com indicações de acidez onde nada cresce bem: pH em torno de 3,8.
• Sapé (*Imperata exaltata* ou *I.brasiliensis*). Indica solos com pH 4,0 e muito rico em alumínio. As folhas são resistentes e, por isso, usadas para cobrir casas. É extremamente rico em alumínio, desmineralizando o feto dos animais que o ingerem, especialmente cavalos.
• Erva-lanceta (*Solidago microglossa, S.chilena, S.polyglossa* ou *S.vulneraria*). Recebe os nomes de arnica, erva-de-lagarto, espiga-de--ouro, macela-miúda, rabo-de-rojão, sapé-macho ou mãe-de-sapé. Ela abre caminho para o sapé, indicando exatamente um pH 4,5.
• Azedinho (*Oxalis corymbosa, O.latifolia*). Indica um solo com pH entre 4,0 e 4,5, com deficiência aguda de cálcio. Faz bulbos geralmente abaixo de 10 cm de profundidade. Quando aparece junto com a losna--brava significa que a água de irrigação está suja.
• Artemísia ou losna-brava (*Artemisia verlotorum*). Chama-se também absinto. É indicadora de solos salinizados com pH 7,5 a 8,2.

Plantas que indicam excesso de nutrientes no solo
• Papoula (*Papaver rhoeas e P.dubium*). Aparece espontaneamente em campos de trigo e centeio, cujos solos apresentam teor elevado de cálcio. Indica excesso de cálcio, que ela mesmo elimina.
• Samambaia-das-taperas (*Pteridium aquilinum*). É comum em solos ácidos não cultivados, especialmente em pastagens. É tóxica para o gado, provocando hemorragias. Indica solos ricos em alumínio (deficiência de cálcio).
• Picão-branco, fazendeiro ou botão-de-ouro (*Galinsoga parviflora*). Indica nitrogênio (excesso) em desequilíbrio com cobre (deficiente). Aparece especialmente em hortas, cafezais e pomares. É um hospedeiro de nematoides do gênero *Meloydogine* e *Heterodera*. Solos arenosos, pH para neutro, sem alumínio, mas pobre em cálcio.
• Cravo-bravo, cravo-de-defunto, rabo-de-rojão, cravo-de-mato, coprá, rabo-de-urubu, alfinete-do-mato, rosa-de-lobo (*Tagetes minuta*).

Indica solo infestado por nematoides, que ele pode matar com suas excreções radiculares.

• Ançarinha-branca (*Chenopodium album*). Indica excesso de nitrogênio orgânico e falta de cobre. Aparece perto de composteiras e em solos ricos em matéria orgânica.

• Língua-de-vaca (*Rumex obtusifolius*). Indica excesso de nitrogênio orgânico de origem animal: chorume, cama-de-frango, conteúdo de fossas, estercos e outros; resultando em pouco cobre.

Plantas que indicam deficiência de nutrientes no solo

• Nabiça, nabo-bravo, rabanete-de-cavalo, saramago (*Raphanus raphanistrum*). Infesta especialmente a cultura do trigo quando esta for deficiente em boro e manganês. Quando o campo é adubado com estes micronutrientes a nabiça some.

• Mamona, carrapateiro, palma-de-cristo, bojureira, tortago, feijão-de-castor (*Ricinus communis*). A mamona nativa recupera solos decaídos, mobiliza boro e potássio e é conhecida por manter o solo úmido. Por sua vez, a mamona melhorada é exigente em boro e potássio e necessita de solos férteis.

• Humidícola, quicuio-da-amazônia, braquiarinha, grama-do-pará, capim-agulha, espetudinha (*Brachiaria humidicola*). Cresce vigorosamente como pasto em solos pobres, porém é rica em ácido oxálico. Indica deficiência de cálcio (gado com "cara inchada").

• Carrapicho-de-carneiro, espinho-de-carneiro, cabeça-de-boi, espinho-de-cigano, carrapicho-rasteiro, cabeça-de-boi, chifre-de-carneiro, espinho-de-agulha (*Acanthospermum hispidum*). Indica deficiência de cálcio. Desaparece depois de uma calagem.

• Capim-toueira (*Sporobulus indicus, S.poiretti, S.herteroanus, Agrostis compressa, A.tenuissimus, Axonopus poiretti*). Aparece em pastagens deficientes em molibdênio.

• Tanchagem (*Plantago tomentosa, P.lanceolata*). É uma planta que cresce em solos pobres, consegue mobilizar grandes quantidades de cálcio e por isso cresce em solos deficientes em cálcio. Consegue acumular 1,5 mg de cálcio em 1 mL de seiva enquanto que, no mesmo campo, a aveia possui somente 0,050 mg de cálcio.

• Leiteira (*Peschiera fuchsiaefolia*). É uma árvore com folhas parecidas com as do pessegueiro, porém secretam leite quando colhidas. As flores parecem hélices, os frutos amarelos abrem, enrolando as duas partes que as protegem, mostrando o interior vermelho. Infesta as pastagens deficientes em molibdênio. A deficiência de molibdênio torna as plantas pobres em proteína sendo, pois, atacadas por saúvas.

• Amendoim-bravo, leiteirinha, parece-mas-não-é, flor-de-poeta, adeus-brasil, café-de-bispo, café-do-diabo, mata-brasil (*Euphorbia heterophylla*). Aparece especialmente em lavouras de soja, razão pela qual se introduziu a soja transgênica RR. Também ocorre em qualquer lavoura deficiente em molibdênio. O molibdênio aumenta o número de vagens e de grãos. Adubando com molibdênio a soja melhora e a leiteira desaparece.

• Corda-de-viola, corriola, campainha, bons-dias (*Ipomoea cairica*). Somente aparece quando existe deficiência de potássio e boro. Deve ser chamada a atenção de que o potássio, mesmo presente no solo, não pode ser absorvido adequadamente quando faltar boro. A relação K/B varia de 50 a 100.

• Capim colchão, capim-sanguinário, capim-colchão-pelado (*Digitaria sanguinalis*). Aparece especialmente em cafezais, mas também em lavouras deficientes em potássio.

• Joá, arrebenta-cavalo, joá-bravo, juá, mata-cavalo (*Solanum palinacanthum, S.viarum*). Cresce em solos arenosos, com umidade suficiente e deficiente em cobre. Suas raízes são superficiais quando falta cobre.

• Beldroega, salada-de-negro, caaponga, porcelana, verdolaga (*Portulaca oleracea*). Não necessita de solo úmido, mas sim de matéria orgânica. Indica a presença de matéria orgânica (e boro) em solos arenosos.

• Caruru, crista-de-galo, bredo, chorão (*Amaranthus hybbridus var. paniculata, A.deflexus*). Indica a presença de matéria orgânica (e boro). Na deficiência aguda de boro, seus talos são podres por dentro e parte das flores apodrece.

• Mentrasto, bálsamo-de-fígado, picão-roxo, catinga-de-bode (*Ageratum conyzoides*). Aparece na época fria do ano nos campos onde, no verão, aparece o picão-preto. Indica a presença de matéria orgânica.

• Caraguatá, gravatá (*Eryngium horridum*). Aparece principalmente em pastagens pobres e ácidas. Indica húmus ácido. Como qualquer planta pastoril, é eliminada quando é cortado três vezes após emitir o pendão floral.

Plantas que indicam compactação do solo

a) Camada superficial compacta

• Guanxuma, vassourinha, vassoura-relógio, malva-preta, tupitixa, malvastro (*Sida rhombifolia, Malvastrum coramandelianum*). Possui raiz pivotante (axial) muito forte com a qual rompe compactações. Indica a presença de uma laje dura entre 8 e 25 cm de profundidade.

b) Solo muito pisoteado

• Grama-seda, capim-bermuda, capim-de-cidade, grama-de-ganso, grama-paulista, grama-de-marajó, gramas-das-boticas (*Cynodon dactylon*). Aparece em todos os lugares de pisoteio intenso, seja por pessoas, animais ou máquinas. Cresce em pH de 4,0 a 8,0. Indica solos com uma camada dura na superfície, muito pisoteados.

• Grama-forquilha, gramão, batatais, mato-grosso (*Paspalum notatum*): rico em cobalto, e quando peludo indica um solo muito compactado e seco.

• Pinhão-manso (*Jatropha curcas*): solo muito compacto e seco, raízes somente até 3 a 4 cm.

c) Solo todo compactado (de cima a baixo)

• Capim-carrapicho, capim-amoroso, carrapicho-de-roseta, arroz-do-diabo, trigo-bravo (*Cenchrus echinatus*). Indica solo muito compactado. Em solos muito compactados, esse capim permanece baixo, e em solos menos compactados, apresenta crescimento maior. Seu controle ocorre unicamente por meio de plantas que afrouxam o solo como mucuna, crotalária, guandu, sorgo-de-vassoura e outras. Porém, o solo melhora mesmo sob uma camada espessa de matéria orgânica, para a qual também se usa capim-carrapicho cortado ou capinado.

d) Solo compactado a partir de 4 cm
• Assa-peixe, cambará-guaçú, cambará-branco, chamarrita (*Vernonia polyanthes, V.ferruginea*). Muito comum em pastagens, tem raízes longas que desenvolvem paralelo à superfície, em 3 a 4 cm de profundidade (camada agregada do solo). Indica um solo compactado abaixo de 4 cm; geralmente em pastejo permanente mas com pouco gado. O único combate é um repouso prolongado do pasto. É muito apreciado como planta melífera.

e) Solo compactado mais fértil
• Capim-pé-de-galinha, capim-de-pomar, grama-sapo, coroa-de-ouro, capim-de-burro, capim-fubá (*Eleusine indica*). Infesta campos com plantio direto. Indica solos adensados embora férteis.

f) Chuvas e água no solo
• Capim-caninha (*Andropogon incanis*). Aparece em pasto temporariamente encharcado, deficiente em fósforo.
• Capim-rabo-de-burro, cola-de-zorro (*Andropogon bicornis*). Cresce somente em terrenos arenosos onde se formou camada impermeável em 80 a 100 cm de profundidade, e que estagna água. Esta camada pode ser rompida pelas raízes de guandu (em dois anos), fazendo o capim-rabo-de-burro desaparecer.

- Capim-arroz, capituva, capim-da-colônia, capim-jaú, capim-capivara, canevão ou barbudinho (*Echinochloa crusgalli*). Ele aparece tanto no arroz irrigado por inundação como no arroz de sequeiro. Indica uma camada de "redução" em pouca profundidade, onde os compostos minerais são reduzidos. Significa que esses compostos perdem oxigênio e se combinam com hidrogênio, tornando-se tóxicos.
- Capim-rabo-de-coelho (*Andropogon glomeratus*). Indica solos úmidos, temporariamente encharcados por causa de uma camada impermeável em 40 a 50 cm de profundidade.
- Tiririca (*Cyperus rotundus*). É a invasora mais temida em todo o mundo. Só não cresce em lavouras de arroz irrigado por inundação. Gosta de solos ácidos a alcalinos, com umidade suficiente e expostos ao sol. Não gosta de sombra e não cresce sob *mulch* (cobertura de palha) grosso ou um cultivo denso com leguminosa como feijão-de-porco (*Canavalia ensiformis*).
- Capim-canarana, capim-capivara, capim-de-peixe, capim-cabeludo, capim-paraguai, capim-mandante (*Eichornia polystachia* e *E. pyramidalis*). A *E.pyramidalis* indica terrenos temporariamente inundados, e a *E.polystachia* indica terrenos férteis e úmidos (brejos), lagos ou rios (inclusive águas salobras), onde cresce. Forma ilhas flutuantes de capim no Rio Amazonas.
- Capim-amargoso, capim-açu, capim-pororó (*Digitaria insularis*). Indica erosão subterrânea (em 60 a 80 cm).
- Maria-mole, berneira, flor-das-almas, vassoura-mole, flor-dos-finados, capitão, craveiro-do-campo, catião, tasneirinha (*Senecio brasiliensis*). Quando cresce em grande quantidade indica chuva suficiente bem distribuída. A água estagna na primavera (laje em 40 cm). Diz-se que quando ocorre muita maria-mole terá boa colheita de trigo.
- Capim-quicuio (*Pennisetum clandestinum*). É agressivo em terrenos com umidade suficiente. Indica solos temporariamente muito úmidos (em parte gleizados).

Plantas que indicam queimadas frequentes (Fogo)

• Barba-de-bode (*Aristida pallens*). É um capim apreciado por pecuaristas, porque rebrota rápido após a queimada. Mas também é combatido pelos pecuaristas porque, seis semanas após a brotação, já é duro e seco. Quando aparece em grande quantidade indica queimadas anuais da pastagem e deficiência de fósforo e potássio.

• Cabelo-de-porco (*Carex spp*). É um dos poucos capins que suporta queimadas frequentes (três a cinco vezes/ano). Cresce em solos adensados, secos, praticamente sem matéria orgânica.

• Mio-mio, alecrim, vassourinha (*Baccharis coridifolia*). Aparece somente em solos rasos (rocha superficial), pobres em molibdênio. No Rio Grande do Sul, diz-se que onde tem mio-mio pode passar com jipe mesmo em época de chuva. Se houver pouco mio-mio no pasto, a queimada o aumenta, podendo tomar o pasto, sendo que a queimada o elimina.

• Capim-favorito, capim-natal, capim-gafanhoro, capim-molambo, capim-tenerife, capim-rosado (*Rhynchelytrum roseum, R.repens*). Indica solos rasos, duros (com torrões) ou pedregoso e secos. Chamado de capim-gafanhoto, pois aparece em solos rasos, duros e secos, e aumenta a incidência da praga dos gafanhotos.

• Vassourinha-branca, alecrim-do-campo (*Baccharis dracunculifolia*). Chega a pouco mais de três metros de altura. Quando aparece em grande quantidade indica lavoura abandonada.

• Capim-marmelada, capim-papuã (*Brachiaria plantaginea*). Aparece somente em campos recém-lavrados, deficiência de Zn. Não aparece quando a terra não é revolvida, como no plantio direto.

• Capim-caninha, capim-colorado (*Andropogon lateralis*). No Rio Grande do Sul, cresce nas baixadas de fronteira que encharcam durante o inverno. Após brotar, encana logo e endurece (por isso chamado de caninha), sendo queimado logo em seguida. E como os entrenós são alternadamente verdes e vermelhos, é chamado também de colorado. Indica solos encharcados no inverno, que sofrem queimadas frequentes e são deficientes em fósforo. Quando o pasto recebe fósforo não encana logo, constituindo boa forrageira.

• Dente-de-leão (*Taraxacum officinale*). Gosta de solos argilosos, bem agregados, profundos e férteis, ricos em nitrogênio e boro. Ocorre somente em clima temperado e subtropical.

• Capim-jaraguá, capim-provisório (*Hyparrhenia rufa*). Vai bem somente em solos férteis.

22. RECONHECIMENTO DE PASTAGENS

No Sul: pastos somente com capim cespitoso (em tufinhos) são indicações de que não foi pastado durante o último ano (talvez colhido para feno).

Quando gramas estoloníferas (como o gramão) predominam, indica que o pasto é usado com frequência.

Sudeste: Quando há forrageiras "compactas", o pasto é utilizado; quando as forrageiras estão eretas, altas e compridas, pasto não é pastado.

Quando o capim é "decumbente" (como *Pangola, Brachiaria decumbens, Estrela*), e não faz estolões, indica deficiência aguda de P (fósforo).

Se a raiz for profunda é preciso adubar.

Se a raiz for rasa, superficial, é necessário o repouso do pasto (não pastar durante pelo menos quatro meses).

Indicativos a partir do comportamento animal

Quando o gado come:
- plantas tóxicas: falta de sal mineral;
- chapéus, camisas, papel, plástico etc.: é deficiente em P;
- tijolos: é deficiente em K (potássio);
- reboco de paredes: falta de N (nitrogênio);
- terra onde urinou: falta de cloro;
- Casca de árvore: falta cobalto;
- ossos; incidência de botulismo (*Clostridium botulinum*): falta P no cocho;

Outras situações:
- vaca não levanta mais após o parto e morre: falta de cloro (sal);
- bezerros que mamam, com "churro branco" (diarreia): indica que a mãe recebeu pouco amido nos últimos meses de prenhez. Dando-se à vaca, dois meses antes de parir, "rolão de milho", evita-se churro branco dos bezerros;
- bezerros e novilhas tristes, com pelo arrepiado, sem brilho, perdem pelos do rabo: deficiência de cobalto (fornecer 40 g Co/100 kg sal; na Amazônia 80 g Co/100 kg de sal);
- vacas com mastite: falta de P no pasto (aminoácidos);
- novilhas muito nervosas: deficiência de magnésio no pasto;
- bovinos e equinos com "cara inchada": falta cálcio nos pastos ou capim muito rico em ácido oxálico (*Brachiaria humidicola*);
- poliartrite em potros: deficiência de Ca (cálcio) no pasto das éguas, por excesso de Al (Alumínio) no capim, por exemplo, sapé;
- tendinite em potros: deficiência de Mn no pasto (depende do capim, por exemplo: capim-estrela);
- diarreia preta: excesso de Mo (molibdênio);
- diarreia de bezerros recém-nascidos no início das chuvas (capim novo): falta Ca nas vacas (presença de ácido oxálico);
- potros e bezerros nascem grandes, mas morrem em um ou dois dias: falta de iodo na mãe.

23. SISTEMA PLANTIO DIRETO

O Plantio Direto (PD), atualmente já é praticado no Brasil em mais de 32 milhões de hectares. Sua base é uma camada grossa (5 a 7 cm; 8 t/ha) de palha na superfície. Em monoculturas de soja não se consegue esta camada porque a palha de soja é pouca e de rápida decomposição. Assim, a pressão de máquinas muito grandes e muito pesadas compacta o solo em pouco tempo, de modo que na maior parte das culturas com PD, as raízes crescem na superfície do solo muito compactado, abaixo da camada de palha. A compressão do solo é muito mais rápida em solos arenosos e bem mais lenta em terra roxa legítima (com elevado estado e grau de agregação).

Ao proteger o solo com a camada de palha, o plantio direto tem como vantagens:

1. proteger o solo contra o impacto das chuvas e o aquecimento elevado;
2. conservar os macroporos na superfície do solo e, com isso, garantir a infiltração da água;
3. evitar erosão e enchentes;
4. permanecer mais fresco e mais úmido por até três meses, podendo ser plantado também durante épocas secas;
5. fornecer matéria orgânica para a vida do solo (em parte nativa porque não revolve o solo);
6. diminuir os efeitos da seca;

7. impedir o aparecimento de invasoras, após quatro anos com uma camada de 6 cm de palha;

8. aumentar os nutrientes no solo, como fósforo, potássio e outros, por causa de atividade mais intensa da microvida;

9. permitir o aparecimento de minhocas que agregam e melhoram o solo substancialmente.

O PD na palha não tem somente vantagens, também acarreta uma série de problemas que, em boa parte, ocorrem em função da pouca espessura ou da falta da camada de palha.

Foto 46 – Lavoura de soja em resteva de algodão

Fonte: Arquivo pessoal da autora

Foto 47 – Capim dessecado em plantio novo de citros

Fonte: Arquivo pessoal da autora

Seus problemas são:

1. exigir a rotação de, no mínimo, quatro a cinco culturas, para evitar o aumento explosivo de pragas e doenças;

2. quando existir pouco resíduo vegetal (Foto 46) ou aplicar-se herbicidas dessecantes (como 2,45 D e glifosato, ambos sistêmicos) devido à camada de palha ser menor do que 5 cm de espessura, e isso permitir o aparecimento de invasoras (Foto 47);

3. mudar o tipo de pragas, de *Lepidopteros*, cujas larvas atacavam as folhas, para predominantemente *Dipteros*, cujas larvas atacam as raízes ou o colo da raiz e são de combate mais difícil;

4. aparecerem pragas antes desconhecidas, como lesmas, grilos e outras;

5. aparecerem *rizobactérias* deletérias, inclusive rizóbios que atacam as culturas e as eliminam, após muitos anos de monocultura;

6. ocorrerem, em monoculturas, invasoras muito persistentes, parcialmente desconhecidas antes, como guaxuma (*Sida spp.*), amendoim-bravo ou leiterinha (*Euphorbia heterophylla*), língua-de-vaca (*Rumex spp*), e outras;

7. perder os nutrientes lixiviados, que não voltam mais à superfície, na época de seca, mas têm de ser reciclados por plantas (adubação verde) com raízes profundas;

8. ocorrer compactação por causa das máquinas pesadas;

9. necessitar de irrigação, quando a espessura da camada de palha não passar de 1,0 a 1,5 cm.

Observações:

Não se consegue uma camada espessa com palha muito rica em nitrogênio, como a de soja, mas somente com palha com uma relação C/N bastante ampla, rica em celulose e lignina, como a de milho, milheto, arroz, trigo, sorgo e outras gramíneas.

Os herbicidas dessecantes não matam as invasoras, mas afetam suas raízes e as enfraquecem. A consequência disto é a entrada de fungos do solo. Estes fungos matam as invasoras. Porém, após anos de uso na mesma área, as raízes das culturas também se enfraquecem, permitindo a entrada de fungos, tornando-se grossas e perdendo parcialmente seu potencial de absorção de nutrientes.

Uma camada de palha de 1,5 cm de espessura é o suficiente para fazer a água da chuva se infiltrar, mas não é o suficiente para "tamponar" ou amortecer a pressão das máquinas.

Em monoculturas, o uso de defensivos aumenta muito.

Diz-se que, após 15 anos de monocultura, ocorre um equilíbrio no sistema e as variedades adaptadas aos solos e clima local também se adaptam aos fungos. Isso não ocorre quando se trabalha com híbridos.

Mesclas de diversas variedades aumentam a produção e diminuem o ataque por parasitas.

Pomares e cafezais

Em pomares e cafezais é importante manter o solo, nas entrelinhas, sempre coberto por vegetação ou restos vegetais. Se for capim, deve ser roçado antes de formar as inflorescências e nunca deve se deixar formar sementes. *Brachiaria decumbens* pode prejudicar o citros, mas é melhor que nada. *Brachiaria ruziziensis* não o prejudica. É melhor utilizar plantas de folhas largas.

É possível usar somente a adubação verde plantada nas entrelinhas e, quando roçada, se joga nas linhas das árvores.

Fornecimento de nitrogênio: plantar leguminosas ou colocar palha, fornecida pela vegetação das entrelinhas do pomar, e na qual foi espalhado um fosfato cálcico ou bokashi.

Fornecimento de potássio: colocar capim-napier (cortado e espalhado no pomar), ou usar mamona ou milheto, plantado no pomar e cortados antes de formar semente.

Nos pomares é importante aumentar e aprofundar o sistema radicular o máximo possível. Para isso, aduba-se com boro (ou gesso em área total, quando também faltar cálcio), que se coloca em 2 furos (um em cada lado da árvore) na projeção da copa. Podem ser de 18 a 30 kg/ha.

Quando se aplica o boro em linha, a quantidade tem de ser muito exata, segundo a análise do solo e a quantidade de potássio disponível.

A figura 19 mostra a adubação, em "cochos", com micronutrientes cuja quantidade necessária exata não se conhece. Mesmo que essa adubação ultrapasse a quantidade necessária, não é prejudicial às árvores.

Figura 19 – Adubação em cochos, na projeção da copa de árvores

24. MÁQUINAS AGRÍCOLAS E SEU EFEITO

Atualmente, escolhem-se as máquinas agrícolas segundo o maior lucro que se consegue arrancar da terra disponível.

Porém, deve ser lembrado que a máquina pode romper o solo compactado e as lajes duras subsuperficiais, além de destorroar e mesmo pulverizar os torrões, mas nunca agregar o solo, formar macroporos, os poros de aeração e de drenagem. A agregação não é um processo mecânico, mas biológico.

Por outro lado, um subsolo permeável pode fornecer água e oxigênio, mas não pode proporcionar água adicional, como as chuvas e a irrigação. Se estas compactarem a superfície do solo (encrostamento) e escorrerem (enxurradas), ou se a brisa ou o vento permanente levar a umidade, falta água para as culturas, até mesmo pouco tempo depois de uma irrigação.

As raízes podem encontrar água e oxigênio num subsolo permeável, porém a penetração da água no solo depende da macroporosidade da camada superficial, que não pode ser compactada ou encrostada.

As máquinas usadas são:

1. Arado de aiveca para tração animal ou trator. Este arado revolve o solo completamente, deitando-o em leivas. É o implemento mais prejudicial para o solo, porque traz o subsolo biologicamente morto à superfície.

A tração animal somente penetra entre 12 e 15 cm no solo. O pisoteio do animal de tração não compacta muito o solo. Por isso diz-se que: "Pata de burro aumenta a colheita".

O trator compacta muito o solo com suas rodas, especialmente quando o solo está úmido. Pior efeito está nas rodas traseiras que, geralmente, rodam com sobrepesos.

2. Arado de disco, que revolve e mistura o solo. Sua "sola de trabalho" é pior do que a do arado de aiveca.

3. Subsolador e pé-de-pato, que devem romper o solo adensado. Porém somente o rompem quando o solo está suficientemente seco. Quando está no "ponto" de aração ele não rompe, somente risca, empastando ou espelhando as paredes dos riscos. Assim, a água da chuva não penetra no solo, mas estagna nos riscos. As sementes que caírem aí, apodrecem.

O trabalho do subsolador só faz efeito quando o ano é pouco chuvoso e quando se implanta, imediatamente após, a lanço, alguma leguminosa (como mucuna e lablab) ou capim (como o milheto), com raízes fortes e profundas.

Em anos chuvosos ou abaixo de cultivos em linha, a subsolagem não faz efeito. Além disso, ela sempre revolve torrões à superfície, que a destorroadora que anda acoplada ao subsolador, mói posteriormente. O serviço parece perfeito, mas deve ser lembrado que *as máquinas conseguem arruinar um solo, nunca melhorá-lo ou recuperá-lo*.

4. Grade aradora, quando calibrada no quarto ou quinto furo, pode entrar até 22 cm de profundidade. Quando está no máximo, entra até 30 cm, se o solo não for muito adensado. Seu efeito é semelhante ao do arado: produz uma "sola de trabalho" bastante pronunciada, vira torrões à superfície, mas tem a vantagem de não jogar a terra sempre do mesmo lado.

5. Grade niveladora: é a que causa mais estragos quando usada para nivelar o campo após o arado ou a grade aradora, preparando-o como leito perfeito para as sementes e para o escorrimento da água da chuva. Por isso, em Goiás, usa-se passar primeiro a grade niveladora para amassar a vegetação e, depois, o arado. Assim, a terra fica cheia de altos e baixos (maior rugosidade, também proporcionado pelo *mulch*),

que impedem tanto o escorrimento da água e a erosão hídrica, bem como a erosão eólica.

Seu serviço é bom quando usado para o "preparo" do campo. Ela somente corta a vegetação ou palha, deixando a matéria orgânica na superfície, revolvendo-a com uns três a quatro centímetros de terra superficial.

6. Enxada rotativa: mistura o material orgânico da superfície com toda a camada de solo que ela mobiliza, e também produz uma "sola de trabalho" muito pronunciada. Ela pulveriza o solo. O grau de pulverização é maior do que das outras máquinas. Ao trabalhar até 30 a 35 cm de profundidade, seu efeito é altamente destruidor de agregados. Ela não somente mistura camadas de baixo, impermeáveis (laje) à água da chuva ou da irrigação (geralmente mortas biologicamente), com camadas superficiais (vivas biologicamente), assim como destrói os agregados. Logo após o trabalho, a terra parece "hortada", mas a primeira chuva ou irrigação por aspersão já forma uma crosta superficial, com aparecimento, em seguida, de lajes e *hardpans* subsuperficiais. Apesar de ser o implemento agrícola preferido pelos horticultores, seu efeito sobre o solo é desastroso.

7. Destorroadora é um implemento que serve, exclusivamente, para moer torrões. Porém, se o solo necessita de um implemento destes é porque já está decaído ou morto biologicamente e precisa, urgentemente, de recuperação de seus agregados. A reação de um solo, em produção, não depende de seu estado e grau de moagem, mas de sua estrutura, sua densidade aparente, de seu teor de umidade, de sua vida, que são propriedades fundamentalmente biológicas e que nenhuma máquina pode proporcionar.

8. Semeadoras comuns e de plantio direto, geralmente são máquinas muito pesadas, porque não levam apenas os copos de sementes, como também os de adubos. Normalmente, são hidráulicas: o peso fica com as rodas do trator, quando pequenas. As semeadoras comuns trabalham com quatro, cinco ou talvez seis copos de sementes.

As máquinas de plantio direto são extremamente pesadas para poderem cortar a camada de palha na superfície do solo e, geralmente, funcionam em terrenos rigorosamente nivelados (já existem as máquinas com linhas de articulação independente, adaptando-se ao terreno), trabalhando com 15 a 25 copos de sementes, mais os de adubos. E como são pesadas demais, existe a trilha das rodas do trator mais as das rodas da semeadora. Se a camada de palha for de 5 a 7 cm de espessura, o peso das máquinas é mais ou menos amortecido. Caso se pratique a monocultura de soja, a camada de palha nunca ficará mais espessa que 1,5 cm e, então, a pressão sobre o solo é enorme.

Seja observado que: o plantio direto nunca deve ser iniciado em solo decaído e compactado ou adensado, somente em solo bem agregado, para se obter resultado positivo imediato. Do contrário espera-se de sete a dez anos para os resultados começarem a ficar melhores que os do plantio convencional. O plantio direto (PD) também nunca deve ser iniciado com culturas que forneçam pouca palha ou cuja palha decomponha rapidamente. O PD na palha conserva os solos, mas dificilmente o recupera em pouco tempo, e nunca com uma camada fina de palha.

No caso de PD com pouca ou sem palha, é necessário o uso de herbicidas e, após seis a sete anos, os dessecantes começam a ficar persistentes na terra, engrossando também as raízes das culturas. Consequentemente, elas necessitam de mais adubos e irrigação, tornando o cultivo mais caro.

9. Pulverizadores, que distribuem os agrotóxicos ou as "caldas orgânicas", e quando passam semanalmente ou até diariamente sobre o campo, têm de andar rigorosamente na mesma trilha para não compactar toda a terra pela pressão de suas rodas. Assim, são perdidos de 5 a 8% da colheita. Mas, se não andarem na mesma trilha, a compactação da terra induz a uma deficiência forte de nitrogênio e o uso de três ou mais "coberturas" de ureia ou de Bokashi se tornam comuns. Quanto mais "coberturas" a cultura necessitar, mais compactado está o solo.

Por isso, grandes propriedades e cooperativas utilizam a "aviação agrícola", matando não apenas as pragas, como também todos os animais silvestres, as abelhas e, talvez, os animais domésticos (como bezerros) da redondeza. Contaminam invariavelmente todos os corpos de água e têm um efeito devastador sobre o meio ambiente.

10. Agricultura de precisão ou Agricultura digital: trabalha com tratores teleguiados por satélites e GPS (Sistema de Posicionamento Global) e que levam computadores e sensores para a análise do solo, a distribuição de adubos e agrotóxicos, e para mapear a colheita. São máquinas enormes. O ser humano perde todo o contato direto com a terra. Por isso, nos Estados Unidos, produz-se 1/3 do que se consegue nas propriedades familiares da Europa, onde o agricultor ainda tem contato com a terra. Nos EUA trabalha-se com a convicção de que o solo é somente um substrato inerte e tudo o que ele precisa é corretivos de pH, adubo e água para produzir.

Pensou-se em tudo, menos que o solo é vivo, precisa ser vivo, que necessita de uma estrutura porosa e que, além da parte verde, aérea, as plantas também possuem raízes, que são intestinos e pulmões das plantas, precisando funcionar a contento. E que, mesmo a quantidade mais exata de nutrientes em solo compactado, pode se tornar "reduzida" e, com isso, tóxica para a planta. Planta mal nutrida é atacada por pragas e doenças.

Para se evitar isso, plantam-se variedades transgênicas (Bt), que possuem uma proteína tóxica implantada (do *Bacillus thurigiensis*) para que as pragas morram quando comerem suas folhas. As pragas morrem, colhe-se até bem, mas as plantas continuam mal nutridas e "doentes", e os alimentos gerados possuem valor biológico muito baixo, podendo até engordar, mas não nutrem adequadamente. As pessoas que são obrigadas a consumi-los estão doentes de corpo e de espírito.

Para poder movimentar máquinas cada vez maiores, desmataram--se vastas áreas que, agora, deixam o vento passar livremente, levando a umidade e reduzindo muito as colheitas.

As máquinas certamente podem acelerar o trabalho e plantar e colher áreas muito mais extensas do que anteriormente. Elas podem, durante algum tempo, proporcionar lucros, no mínimo para as fábricas de máquinas, adubos e defensivos. Como nos EUA e na Europa a agricultura convencional está sendo subvencionada até hoje, pode-se concluir que em lugar algum os agricultores estão obtendo lucros adequados. Também não mantém a saúde e a fertilidade dos solos. Devemos agradecer à tecnologia altamente mecanizada pela falta de água, aridização e desertificação dos campos agrícolas.

O uso das máquinas é bom quando a preocupação principal for a saúde do solo e sua manutenção em estado favorável. A máquina não faz o solo produzir, ela somente pode ajudá-lo a produzir.

25. RELAÇÃO ENTRE PLANTAS

Na natureza, as plantas existem em associações. Sob este aspecto, existem duas possibilidades. Na primeira, a associação se conserva, mudando pouco a pouco, segundo as leis da natureza, para uma "sucessão" superior (construtiva, sintrópica). Mas pela influência humana, também pode mudar para pior. Na segunda versão, uma determinada planta domina, por ser beneficiada, por exemplo, pela adubação nitrogenada ou pela extrema compactação ou adensamento do solo em prejuízo às outras.

Alelopatia

Entre as plantas existem antipatias e simpatias, e também o estado neutro, como entre qualquer ser vivo. Elas se influenciam mutuamente por meio de substâncias químicas secretadas pelos micro-organismos que vivem em sua rizosfera e pela concorrência por nutrientes, água, luz.

Existe uma verdadeira "guerra química" entre as plantas, na qual cada uma tenta defender o seu espaço vital. Elas também excretam aerosóis pelas folhas, e que agem num raio de 50 metros de distância e secretam substâncias pelas raízes para defender seu espaço no solo. Estas substâncias dependem:

1. da nutrição foliar. Se a folha tiver um pH alcalino, as excreções são ácidas, e vice-versa;

2. do arejamento do solo. Em solos compactados e adensados, aparecem produtos fermentativos como álcoois;

3. da espécie e variedade.

Estas substâncias de defesa, que se chamam alelopáticas (ou fitotoxinas, aleloquímicos, produtos secundários), podem ser ácidos orgânicos, álcoois, taninos, saponinas, cumarinas, aldeídos alifáticos, cetonas, lactonas, quinonas, fenóis, flavonas, glicosídeos, polipeptídeos, terpenoides e outros (Rodrigues et al., 1992).

É bom lembrar que muitas destas substâncias servem para a defesa das plantas contra insetos e fungos (Borys, 1968) como, por exemplo, os fenóis e as quinonas. Outras lhes servem para a comunicação, como os aldeídos alifáticos, que usam para chamar insetos benéficos, os quais também denominamos de inimigos naturais. As plantas, conforme os insetos ou larvas que as atacam, excretam substâncias odoríficas diferentes como se fosse um sinal de SOS, para informar qual o parasita que as atacou, chamando os inimigos naturais destas pragas, se houver (Suszkiw, 1998).

A alelopatia poderia ser traduzida como antipatia violenta, que prejudica as plantas, umas às outras, enquanto o sinergismo é uma amizade entre as plantas, umas ajudando as outras, constituindo a base da rotação de cultivos e da adubação verde.

Porém, a alelopatia não é somente causada pelo aerosol. Ela também age através de lixiviados das folhas, pelo orvalho, dos lixiviados da palha, de substâncias de decomposição e, finalmente, de substâncias de bactérias e fungos que vivem no rizoplano ou iniciam a decomposição da palha, como o fungo *Penicillium urticae*, que assenta na palha de sorgo e produz patulina, um poderoso germostático, que impede a germinação de sementes de sorgo por até 28 semanas, dependendo da quantidade de chuvas. Por outro lado, lixiviados de folhas de capim-colonião (*Panicum maximum*) impedem o nascimento de semente de guandu (*Cajanus cajan* e *C.indicus*) (Souza-Filho et al., 1997). Quando os lixiviados entram em contato com a terra podem ser adsorvidos temporariamente pela argila ou o húmus, desaparecendo por certo tempo, sendo liberados mais tarde, quando ninguém os espera mais.

Nem sempre o efeito desfavorável de uma planta sobre outra depende de substâncias alelopáticas. Também o esgotamento de nutrientes, dos quais ambas culturas necessitam, pode ser a razão da diminuição da colheita, como ocorre com alfafa e linho, em que ambos precisam de quantidades significativas de boro.

O efeito alelopático é maior quando as plantas se encontram em estresse, seja por calor, seca, alimentação deficiente ou ataque de parasitas. Isso, porque, por um lado, em situação de estresse, aumenta-se a produção de aleloquímicos e, por outro lado, há uma redução do crescimento vegetal.

Os aleloquímicos não possuem um efeito geral. Eles prejudicam somente algumas espécies e até variedades, enquanto podem beneficiar outras, como ocorre com as leguminosas. As leguminosas são consideradas plantas altamente benéficas, porque conseguem melhorar a terra e fixam o nitrogênio. Porém, das quatro mil espécies de leguminosas conhecidas, somente 8,7% fixam nitrogênio através das raízes (associações simbióticas). Por outro lado, todas elas possuem saponinas, que prejudicam seriamente todas as *Liliaceas* como a cebola, o alho, e cebolinha e outras. Podem igualmente prejudicar as *Ciperaceas* como a tiririca (*Cyperus rotundus*) e até controlar os nematoides, como mostra Sharma *et al.* (1982).

Os efeitos alelopáticos ocorrem de maneiras diferentes. Uns podem inibir a divisão celular, outros modificam a permeabilidade da parede celular. Além disso, esses efeitos podem causar a inibição de enzimas específicas e evitar a germinação do pólen. Outra consequência dos diferentes resultados da alelopatia são suas ações sobre a fotossíntese, a respiração, isto é, a mobilização de energia para o metabolismo vegetal. Esses resultados podem evitar a síntese de proteínas e a fixação de nitrogênio ou até impedir o nascimento das sementes. Mas eles também podem controlar, até certo ponto, as plantas invasoras (Tabela 25).

Tabela 25 – Plantas controladoras x invasoras controladas

Planta controladora	Planta controlada (invasora)
Aveia preta (*Avena strigosa*)	Capim-marmelada (*Brachiaria plantaginea*) Amendoim-bravo (*Euphorbia heterophila*) Picão-preto (*Bidens pilosa*) e outras
Azevém (*Lolium multiflorum*)	Guanxuma (*Sida rhombifolia*) Amendoim-bravo (*Euphorbia heterophila*) Caruru (*Amaranthus spp*) e outras
Crotalária (*Crotalaria juncea*) Mucuna-preta (*Mucuna aterrima*) Feijão-de-porco (*Canavalia ensiformis*)	Tiririca (*Cyperus rotundus*) Sapé (*Imperata cilíndrica* e *I.exaltata*)
Mineirão (*Stylosanthes guianensis*) Calopogonio (*Calopogonium mucunoides*)	Assa-peixe (*Vernonia polyanthes*)

O efeito alelopático pode ser interespécie (Tabela 26), mas também intraespécie, quer dizer, a própria espécie é autointolerante, como ocorre com alfafa (*Medicago sativa*) ou citros (*Citrus sinensis*), em que nenhuma semente consegue nascer na projeção da copa.

Tabela 26 – Plantas com efeito alelopático (antagônico)

Trigo x trigo mourisco	Mostarda x nabo-forrageiro, alfafa
Trigo x sorgo	Colza, canola x todos os capins
Sorgo x sorgo	Capins x aveia-preta, centeio
Gergelim x sorgo	Batatinha x abóbora
Batatinha, tomate, fumo x girassol	Trevo-doce (*Meliotus*) x cereais (germistato)
Cebola, alho, tomates x leguminosas	Repolho x repolho (autointolerante)
Todas as hortaliças x funcho	Arroz x gladíolos (overdose de NPK)
Tomates x repolho, brócolis, couve-flor	Cevada x papoula
Mostarda x canola	Milho, beterraba x aveia branca
Ervilhas x rabanete, nabo (mas o nabo é beneficiado pela ervilha)	Girassol x abóbora
Hortelã x camomila (abaixa o teor de menta) (mas hortelã beneficia camomila)	

Uma forma de verificação do tipo de relação que ocorre entre as plantas pode ser feita pegando-se uma pequena quantidade de terra ao redor de uma planta junto com um pouco de raízes. Coloca-se esta terra em um vaso e semeia-se a cultura que se deseja testar.

Para servir como comparativo, pega-se outro vaso com areia lavada e semeia-se a cultura a testar da mesma maneira. Após uma semana, compara-se a germinação e o tamanho das raízes. Se houver queda no número de sementes germinadas ou inibição no crescimento das raízes, significa que ocorreu efeito alelopático, indicando que não será adequado o plantio da cultura em terra onde foi cultivada a outra cultura. Se acontecer o contrário, mais germinação e crescimento das raízes no vaso com a terra, então a relação entre as plantas é de sinergia (Tabela 27).

Tabela 27 – Cultivos sinérgicos (amigáveis)

Tomate, urtiga = cravo-de-defunto	Girassol = pepino
Vicia (ervilhaca) = todos os cereais	Trigo, linho = milho, leguminosas
Batatinhas = Amaranthus gigante	Repolho = beterraba, cebola
Cenoura = cebola, milho, soja, alface	Milho = abóbora, feijão, mandioca
Tremoço = videira	Nabo-forrageiro, aveia preta = feijão
Feijão = moranguinhos, espinafre	Alho = roseiras
Leguminosas = todos os cereais como arroz, trigo, milho, aveia. E também inhame, mamona, mandioca, batatinhas, girassol, pepino, repolho	

26. SALINIZAÇÃO DE SOLOS DE ESTUFAS E CAMPOS

Se ocorrer um sal branco ou brilhante na superfície da terra e o pH estiver acima de 7,0, concluimos que o solo está salinizado.

Como reconhecer a salinização
• o pH entre 7,0 e 9,0 indica salinização;
• o sal pode ser de cálcio (+ magnésio e potássio) ou de sódio, podendo se diferenciar os dois lavando as mãos com bastante sabão. Se não espumar, é cálcio, se espumar bastante, é sódio. Se for ferver água em chaleira, e se houver cálcio, haverá crostas de carbonato de cálcio no fundo e parede da chaleira;
• em caso de sódio, o solo é completamente desagregado, duro e rachado;
• existem também plantas indicadoras. Se aparecer *Arthemisia* (tipo de losna nativa) há salinidade por sódio;
• em caso de presença de cloro, o pH está abaixo de 7,0, porém, a condutividade elétrica está em torno de quatro ou mais.

Causa da salinização
Na estufa:
– adubação química elevada;
– falta de ventilação suficiente. Em estufas bem ventiladas é mais difícil a terra salinizar;
– falta de adubação verde;
– uso da enxada rotativa.

No campo:

– especialmente em campo irrigado, com superfície de solo irregular;

– irrigação frequente com pouca água. Deveria ser usada irrigação mais espaçada, com no mínimo 25 a 30 mm/vez;

– falta de drenagem, que poderia ser realizada em valas abertas;

– lavagem dos sulcos adutores de água com cloro para matar patógenos;

– falta de matéria orgânica (palha):

a) para transformar o sódio em carbonatos;

b) para agregar o solo;

– falta de camada protetora (*mulch*) sobre o solo para evitar seu aquecimento;

– falta de rotação de culturas, que incluem culturas dessalinizadoras como algodão ou trigo-mourisco; cultivos drenantes como girassol e sorgo; cultivo de lavagem como arroz irrigado por inundação;

– manutenção do nível freático abaixo de 1,0 m (com drenos, ou cultivar girassol ou sorgo);

– falta de vegetação arbórea distribuída como quebra-vento, para reduzir perdas de água por brisas e ventos e estabilizar a temperatura do microclima.

27. A SECA E O QUE A AGRAVA

Seca sempre significa falta de chuva, ou seja, sua má distribuição. Mesmo com mais de 500 mm de chuva que desabam em dois meses e meio, a região pode ser desértica, como o Calahari, na África do Sul. Mas a seca pode ser amenizada ou aumentada pelo manejo dos solos, plantas e animais.

A seca é agravada

1. pelo solo com superfície compactada (encrostado, pisado): á água não se infiltra mas escorre, causando erosão e enchentes e, em seguida, a seca, porque a água da chuva não foi armazenada (ciclo curtíssimo da água). Água da chuva expulsa de um lote rural ou urbano, contribui para as enchentes e os períodos secos posteriores. Água expulsa é água que vai faltar depois;

2. pela exposição do solo agrícola ao sol, que permite o seu aquecimento forte, causando uma evaporação intensa da água do solo (falta de proteção do solo);

3. pelo desmatamento, permitindo que os ventos entrem varrendo a paisagem, levando a umidade evaporada do solo e transpirada pelas plantas. As plantas protegidas do vento (Fotos 48, 49, 50, 51 e 52) produzem duas a cinco vezes mais;

4. pelo uso de fogo (queimadas), que faz a umidade do subsolo subir à superfície. O fogo queima a matéria orgânica que deveria agregar o solo (o solo se torna compactado, adensado) e que diminui a cobertura vegetal por matar as plantas estoloníferas, raleando a vegetação. Áreas sempre queimadas produzem só 20% das áreas não queimadas;

5. pelo pastejo contínuo de cabras, que impede o desenvolvimento de uma vegetação maior (árvores que deveriam diminuir o vento), e que desnudam o solo (cortando as plantas rente à terra);

6. pela má nutrição das plantas. Plantas "famintas" possuem um plasma celular aguado (pressão osmótica pequena), e murcham facilmente no calor. Plantas mal nutridas gastam até quatro vezes mais água que plantas bem nutridas, especialmente potássio e micronutrientes tornam o plasma celular mais viscoso. Em solos compactados, anaeróbios, as plantas quase sempre estão mal nutridas;

7. irrigação com pouca água, que somente molha a camada superficial do solo (4 a 5 cm), provocando um desenvolvimento muito superficial das raízes, o que deixa as plantas murcharem com poucas horas de sol;

8. a salinização dos solos irrigados;

9. uso de plantas não adaptadas aos solos e ao clima.

Foto 48 – Renques de grevilha protegem cafeeiros

Fonte: Arquivo pessoal de Odo Primavesi

Foto 49 – Renques de capim-napier sobre os terraços protegem a lavoura contra o vento e a erosão

Fonte: Arquivo pessoal de Odo Primavesi

Foto 50 – Renque de eucalipto protege campo de trigo

Fonte: Arquivo pessoal de Odo Primavesi

Foto 51 – Efeito quebra-vento em faixas de cultivos alternados. Faixa de milho (direita) protegendo plantas de mandioca, que protegem faixa de feijoeiros (centro)

Fonte: Arquivo pessoal de Odo Primavesi

Foto 52 – Renques de milho utilizados para proteger hortaliças

Fonte: Arquivo pessoal da autora

Portanto, diminui-se o efeito da seca:

– pela adição suficiente de matéria orgânica ao solo, para criar um sistema macroporoso adequado (pelo menos 10%) e pela proteção de sua superfície contra o superaquecimento (*mulch*). Se for estabelecida uma camada de 4 cm de material orgânico picado, como palha, galhos com folhas picadas (Foto 11) não somente se protege o solo, mas também é possível mantê-lo úmido por muito tempo (três a quatro meses);

– pela proteção contra o vento por meio de reflorestamento e quebra-ventos (Fotos 48, 49, 50, 51 e 52);

– pelo fornecimento de nutrientes, também micronutrientes, às plantas (o composto e todo material orgânico, em médio prazo, adicionam nutrientes e não aumentam, mas baixam a salinidade dos solos, as plantas murcham menos);

– por uma irrigação de gotejamento ou com potes de barro que molham o solo até maiores profundidades (25 a 30 cm) onde não se perde tanta água para o ar, como no caso do pivô central;

– pela seleção de espécies e variedades adaptadas às condições de solo e clima.

Em regiões desérticas, costuma-se enterrar uma camada de pixe ou uma lona, em 30 a 35 cm de profundidade, para impedir a perda de água para o subsolo e evitar a ascensão de água salgada do subsolo para a superfície.

28. A AGRICULTURA DA NÃO VIOLÊNCIA

A agricultura em si já é uma violência às estruturas e aos processos da natureza e seus serviços ecossistêmicos vitais para a vida superior e a produção. A agricultura atual modificou radicalmente os ecossistemas, implantando sistemas mecanicistas, não naturais, com visão de curtíssimo prazo, a favor de lucros momentâneos, que destroem o solo, os cursos de água, o clima e o futuro da humanidade.

Porém, existe outro tipo de agricultura, que trabalha com os ecossistemas, embora simplificados, respeitando a natureza, conservando os solos, os cursos de água, a paisagem (protegendo-a da livre passagem dos ventos) e o clima, conseguindo com isso uma produção ecológica e economicamente melhor e sustentável.

A base de toda a vida e de toda produção vegetal em nosso globo é o solo. Um solo sadio mantém as plantas sadias e plantas sadias fornecem uma alimentação sadia, que mantém os seres humanos física e mentalmente sadios. E pessoas sadias, com um espírito sadio, não destroem sua base vital e o ambiente em que vivem, mas o conservam. Não somente cuidam de seus solos e do meio ambiente, mas também de seus próximos, criando bem-estar e paz.

Mokiti Okada prediz que este milênio será de paz, saúde e bem-estar. E tudo começa com um solo puro (sem venenos), vivo, sadio e produtivo para possibilitar homens com um espírito sadio. Não são obras faraônicas que nos garantem um futuro radiante. Elas somente tentam encobrir todos os absurdos, erros e destruições que tornam as previsões sinistras. As atitudes que nos garantem um futuro radiante são o respeito ao solo, à natureza, ao meio ambiente e ao próximo, enfim, o respeito à obra de *Deus*.

"O destino do indivíduo e do país sempre está relacionado com o grau de harmonia com as forças da natureza, com as leis da vida e do Universo" (Zaratustra).

29. AGRICULTURA NATURAL: A SOLUÇÃO PARA OS PROBLEMAS ATUAIS

A situação atual

Tanto a situação do nosso planeta, como a de sua população, está crítica. O desmatamento indiscriminado realizado para atender ao "aumento das fronteiras agrícolas" abriu a paisagem para o vento, que pode levar por ano até o equivalente a 750 mm de chuva, tornando a região semiárida e reduzindo a produção à metade até um quinto. Com 50% de floresta, produziríamos idêntica quantidade de carne, cereais, frutas e hortaliças em relação ao que é produzido atualmente. Implantou-se uma tecnologia altamente mecanizada e, em parte, até computadorizada, como na "agricultura de precisão", em que o homem perdeu todo o contato com a terra, considerando o solo como um simples substrato para sementes, adubos e água.

O solo

Segundo as tecnologias desenvolvidas no clima temperado, pratica-se o revolvimento profundo do solo e o uso de agroquímicos, tanto adubos como defensivos. Herbicidas, em lugar da capina mecânica, impedem o aparecimento de plantas nativas (que seriam a matéria orgânica indispensável à vida do solo) e mantêm o solo limpo, expondo-o às chuvas e ao aquecimento. *Destrói-se o solo.* Mata-se o solo. O solo deixa de ter sua função primária: a de captar e armazenar água da chuva.

As variedades híbridas, que substituem as variedades adaptadas aos solos e clima, necessitam não somente de muitos adubos químicos, mas igualmente de defensivos e irrigação, que, quando feita sem maiores cuidados, leva à salinização dos solos. *Destrói-se a biodiversidade e a produtividade dos solos.*

As queimadas, que especialmente no fim da estação seca envolvem muitas partes do Brasil em nuvens de fumaça, constituem o fator que mais contribui para a degradação dos pastos, porque eliminam o alimento da microvida do solo. Mas é um método barato, no momento, para limpar os pastos da vegetação seca e forçar a rebrota. *Destroem-se os pastos,* contribuindo mais para a desertificação.

E, finalmente, as variedades transgênicas, que encobrem os problemas existentes – como as deficiências minerais, as quais são indicadas por plantas "invasoras" ou por pragas –, mas não os resolvem.

Com tudo isso, é exercida *uma pressão muito grande sobre os recursos naturais*, destruindo-os e levando, anualmente, à *desertificação* de dez milhões de hectares, especialmente nas regiões frágeis por natureza, como nos cerrados ou nas savanas africanas, os semiáridos ou a própria Mata Amazônica. É o caso do Acre, de Rondônia, do Pará e do Norte de Mato Grosso.

A água

Os solos se compactam; as chuvas, no lugar de se infiltrarem nos solos, escorrem, causando erosão, enchentes e em seguida secas. Mas, após as enchentes, os rios ficam vazios como o Alto Tocantins, o Parnaíba, o Mendoza, na Argentina, e muitos rios no Peru, Paraguai, México e outros. As inundações preservam a seca. Aplica-se a irrigação, mas por causa dela, vários rios já são secos a mais de 100 km de sua desembocadura, como o Colorado, na Califórnia, o Jordão, em Israel, e o Ganges, na Índia. Em alguns casos, os rios têm a sua vazão drasticamente reduzida, como o rio São Francisco, de modo que nas represas hidrelétricas, os povoados e as pequenas cidades submersas agora recomeçam a aparecer, parcial ou totalmente, como, por exemplo, na represa de Paulo Afonso, na Bahia, ou na de Concórdia, no Sul do México.

A água potável está diminuindo rapidamente no mundo inteiro. Vários países, como os EUA e a Alemanha, já importam água potável. E não há dúvida de que, sem água, acaba-se toda a vida. Nem micróbios, nem plantas, animais ou homens conseguem sobreviver. Pode ser que alguém ganhe muito dinheiro com esta destruição. Mas como o cacique dos índios da tribo canadense Cree disse: *"Somente após terdes cortado a última árvore, após terdes envenenado o último rio e pescado o último peixe, somente então descobrireis que o dinheiro não se pode comer"*.

Poluição

Atualmente, certificam-se alimentos como "livres de agrotóxicos". Isso não é verdadeiro. Somente é possível garantir que foram produzidos sem agrotóxicos. Mas não existe mais nada livre de agrotóxicos neste mundo. As plantas são tão doentes que, parcialmente, necessitam de doses diárias de veneno para mantê-las livres de parasitas. E destes, especialmente quando aplicados pela aviação agrícola durante o dia, evaporam-se até 60% da água junto com os tóxicos, que sobem às nuvens e voltam com as chuvas ou a neve. As fontes e os rios nas matas intocadas carregam tóxicos; os ursos polares, os pinguins e as baleias estão contaminados com os agrotóxicos.

Pela queima de combustível dos automóveis e aviões e pela aração dos solos, produzem-se grandes quantidades de gás carbônico que sobem à atmosfera, produzindo o efeito estufa. Mas não há mais matas para reciclar todo este gás carbônico. Os gases emitidos pelos sistemas de refrigeração abriram um buraco na ozonosfera, por onde agora entra muito mais luz ultravioleta do que as plantas, os animais e os homens podem suportar. Poeiras e resíduos de fábricas poluem o ar. Chegamos ao limite do que a natureza pode suportar sem problemas. Hoje, não é mais uma alternativa produzir de uma maneira menos agressiva. É o único meio para sobreviver.

A miséria

Nos últimos 50 anos, após a agricultura adotar os produtos industriais, especialmente máquinas e agroquímicos, ganhou-se muito dinheiro. Nunca na história se soube do acúmulo de fortunas tão elevado como agora. Não com a agricultura que, no Hemisfério Norte, até hoje é pesadamente subvencionada, mas pelas indústrias nas cidades que se beneficiaram do mercado agrícola. Também nunca se soube de tanta pobreza. Cinquenta anos atrás, existiam pobres no Brasil, mas nenhum faminto. No mundo, eram 25 milhões de miseráveis, ou seja, famintos. Hoje, com toda a superprodução existente – são 820 milhões no mundo, e somente no Brasil calcula-se entre 48 e 52 milhões, número que aumenta anualmente – o que falta não são alimentos ou áreas para plantar. Plantamos muitos milhões de hectares com soja e cana-de-açúcar para combustível, pretendendo exportar alguns bilhões de litros de álcool e biodiesel. Dizem que vão criar empregos. Mas pretendem, da mesma forma, colher mecanicamente a soja, a cana, o café e as laranjas, porque sai mais barato.

O que está errado

O errado é que não se considera a natureza como um todo, um sistema em que todos os fatores dependem uns dos outros e qualquer coisa que está sendo feita influencia todo o sistema. Na natureza também não existe lixo. Tudo é reutilizado ou reciclado sempre, até virar energia de novo – água e gás carbônico.

Entretanto, hoje desconhecem-se, propositalmente, as interligações. Dizem que a queimada não prejudica o solo. Isto é correto. A queimada não prejudica o solo diretamente, mas ela elimina o alimento das bactérias e dos fungos do solo, que deveriam torná-lo macio, poroso e permeável para a água e o ar. Ela prejudica as forrageiras melhores e somente deixa sobreviver as que podem defender seu ponto vegetativo contra o fogo.

Dizem que os herbicidas que mantêm os solos limpos de plantas nativas seriam destruídos por bactérias e fungos. Mas não o são e continuam intactos nos solos porque, sem matéria orgânica, os fungos e as bactérias, que deveriam decompor aquela matéria orgânica, morrem ou "esperam" por condições melhores. É quando, finalmente, prejudicam as raízes das culturas.

Pretende-se afrouxar os solos compactados e duros com arados, enxadas rotativas pesadas ou subsoladores. Eles são rompidos, e até pulverizados, mas nenhuma máquina consegue agregá-los e formar poros novamente. Este é um processo biológico. E, por isso, logo em seguida, solos pulverizados compactam-se outra vez.

As plantas atacadas por insetos, fungos ou bactérias podem ser mantidas limpas através dos defensivos químicos, dos agrotóxicos ou também por caldas, como a sulfocálcica, a bordalesa, o Bokashi ou outros menos tóxicos, como também pelos "inimigos naturais". As plantas ficam sem parasitas, mas continuam doentes.

Os alimentos

Os alimentos obtidos de plantas doentes, mesmo quando não apresentam parasitas, têm um valor nutritivo muito pequeno, podendo ser até nulo. Eles podem alimentar bem e até engordar. As pessoas são superalimentadas, mas continuam, mesmo assim, malnutridas. Os seres humanos se tornam doentes de corpo e alma. Mokiti Okada dizia que os alimentos atuais somente manteriam a parte material do homem, o corpo, mas não a parte espiritual, a alma. Entretanto, a nossa alimentação atual nem isso consegue, o de manter o nosso corpo. O problema não consiste somente em controlar os parasitas e *suprir as deficiências de NPK na nossa alimentação*. Na verdade já não existe mais nem sabor, nem odor nos alimentos. E só os mais idosos ainda se lembram disso. Goiabas, pêssegos, nectarinas, moranguinhos e outras frutas; brócolis, alface, tomate, pepino e outras hortaliças não possuem mais gosto nenhum. Isso tudo graças à tecnologia agrícola atual, que aduba somente com três nutrientes. Antigamente, quando alguém fazia café, a rua toda ficava sabendo, por causa do aroma agradável. Hoje, nem na cozinha se repara mais que está sendo feito café, se ele não for visto. Estas substâncias que fizeram a nossa comida saborosa não se formam mais. Faltam os micronutrientes para isso. Mas não é somente o sabor que falta. Necessitamos destas substâncias e minerais para a nossa saúde, tanto do corpo como da alma.

Dizia-se antigamente que num corpo sadio mora uma alma sadia. Mas nossa comida mal mantém o corpo e, muito menos, a alma. Certamente, faz-se tudo para destruir a dignidade humana e as suas virtudes, tornando as pessoas até excelentes profissionais, mas que podem ser verdadeiros monstros humanos, corruptos, falsos, egoístas, violentos, inamistosos...

Doenças

Descobriram na ARS/USDA, na seção de pesquisa agrícola do Departamento de Agricultura dos EUA, que uma mãe que recebe excesso de nitrogênio na alimentação, mas não o suficiente de cobre, facilmente gera filhos paraplégicos. Sabe-se que o mesmo ocorre com ovinos e isso é irreversível porque a parte motora do cérebro não se desenvolveu. Também uma criança que, geneticamente, necessitaria de mais zinco na alimentação e não o recebe por causa do excesso de fósforo adubado, tende a ser um péssimo aluno e até deficiente mental. Entretanto, numa experiência realizada na China com 1.400 crianças deficientes mentais, colocou-se zinco adicional na alimentação e elas se recuperaram, ficando perfeitamente normais e até muito inteligentes. Quando a alimentação contém potássio demais, este desequilibra o lítio, um micronutriente, e as pessoas se tornam depressivas com facilidade, podendo até suicidar-se. Por falta de uma alimentação biologicamente completa, existem tantas doenças, como também tanta violência, ódio e crime. Nossa sobrevivência corre sério perigo. Nosso modo de viver é insustentável.

É possível mudar

Não necessitamos somente *explorar solos mortos* como faz a tecnologia sofisticada da agricultura convencional. Podemos trabalhar com *solos vivos*. A *Agricultura Natural,* ecológica, não é uma alternativa, mas uma exigência urgente, antes que a água doce residente termine em nosso planeta e que todas as pessoas estejam irrecuperavelmente degeneradas ou doentes. E se considerarmos que todo este "desenvolvimento" foi implantado há cinquenta anos, é óbvio que, mais cinquenta anos, nossos solos, água, cultura, rebanhos, atmosfera e humanidade não aguentam.

O que a *Agricultura Natural,* ecológica, pretende não é somente plantar sem o uso de agrotóxicos para que o produtor possa ganhar o preço justo, prometido por uma população que anseia por um alimento um menos tóxico e mais nutritivo na tentativa de sobreviver. Normalmente, esta mudança abrupta da agricultura convencional para a orgânica é difícil e mais laboriosa. É necessário crédito para superar os primeiros anos de transição, deve-se pagar os certificadores desde o momento em que se resolveu mudar, embora ainda não se possa beneficiar do preço maior. Desta maneira, até hoje, toda a agricultura orgânica, em todo o mundo, não ocupa mais que 1% da terra e está estacionária. Mas a *Agricultura Natural,* ecológica, é capaz de colocar o mundo destruído novamente em ordem, com solos vivos, sadios e produtivos, água suficiente, culturas sadias, colheitas elevadas, criando *paz, bem-estar e saúde,* sem nenhuma classe sacrificada, para que todos possam sobreviver com dignidade.

A *Agricultura Natural* não vê fatores isolados, mas sempre considera o inteiro da natureza: os sistemas naturais, os ciclos vitais e a humanidade dentro deste sistema. Ela almeja a sua recuperação e manutenção. Com certeza, cada tipo de agricultura é uma agressão ao meio ambiente, mas esta pode ser mínima ou catastrófica. A *Agricultura*

Natural é a única que é ecológica, trabalhando com solos vivos dentro de sistemas e ciclos. O início de tudo é o solo que, quando degradado, significa também o fim da água, de tudo e de toda a vida terrestre.

Uma transição suave cria a possibilidade de *todos* participarem e lucrarem. O primeiro passo é a recuperação dos solos, especialmente pelo uso correto de suficiente matéria orgânica e cobertura vegetal densa e diversificada. Ninguém, nem na agricultura convencional nem na natural, pode trabalhar com solos decaídos, que evitam a penetração da água, responsável por garantir o caudal dos rios. Mesmo sendo ferrenho adepto da agricultura convencional, ninguém pode sobreviver sem água. E sem o solo recuperado e, novamente vivo, a água doce residente acabará num futuro próximo.

A agricultura convencional somente consegue explorar e arruinar, como mostra a atividade nos últimos cinquenta anos, resultando em rios e represas secas, solos desertificados, oceanos e atmosfera poluídos.

O segundo passo são as variedades adaptadas aos solos e climas. Elas não são apenas muito mais baratas, mas também produtivas, mesmo em condições pouco favoráveis. E como não necessitam de adubos químicos nem de irrigação, especialmente quando os solos são protegidos por um *mulch* ou camada protetora, são mais saudáveis. Enquanto não possuímos ainda estas variedades, temos que ajudar com os micronutrientes e um grande metabolizador, que é o EM, que auxilia as plantas a absorver mais, metabolizar melhor e, portanto, produzir mais, especialmente plantas sadias, caso existam água e matéria orgânica suficientes no solo.

Apenas com solos sadios teremos plantas sadias. Plantas bem nutridas são sadias e não necessitam de defesa nenhuma. E o que é mais importante: elas fornecem um alimento nutritivo do qual não se necessita quatro ou cinco mil calorias para viver. Na Indonésia, por exemplo, vivem com saúde e inteligência, ativos e em harmonia, com muito menos calorias. Não é a quantidade de calorias, mas o valor nutritivo do alimento que vale. Reconhecemos o elevado valor biológico do alimento na saúde das plantas. Planta sadia e em pleno vigor não é atacada por nenhuma doença ou praga. Assim, o alimento de alto valor biológico é a base para uma vida com saúde, prometendo bem-estar para todos com bem menos volume ingerido.

Por outro lado, o meio ambiente pode ser recuperado. Reflorestando áreas estratégicas, produzimos mais alimentos numa área menor. Além disso, com mais florestas, o clima fica mais estável, com menos oscilações, as chuvas regulares voltam com as matas e os rios caudalosos. A época de angústias terminará. A humanidade terá menos fortunas mirabolantes, mas bem-estar para todos.

Pode-se resumir que para o solo poder realizar sua função primeira, a de captar e armazenar água das chuvas, água doce residente, precisa ser permanentemente protegido por tripla camada de proteção: o dossel de uma cobertura vegetal densa e diversificada, seus resíduos (serapilheira), seu sistema radicular denso na interface serapilheira-solo na superfície e em profundidade, e a vida associada às plantas. Solo sem cobertura vegetal deixa de ter a função primária de solo, na Natureza, e se transforma em algo com características semelhantes ao de pedra, que mantêm um ambiente inóspito à vida superior e à produção de biomassa. Um alimento biologicamente integral nutre o material e o espiritual das pessoas, garantindo uma era de saúde, paz, amizade e bem-estar.

REFERÊNCIAS BIBLIOGRÁFICAS

ABREU Jr., C. H. de. Comunicação pessoal. Campinas, 2000.
AGCO CORPORATION. 2011. Compaction is a crime. AgriMarketing Farm Industry News. Disponível em: http://www.gleanercombines.com/products/gleaner-s8-super-series-combines/compaction-is-a-crime/
AGENDAGOTSCH. *Artigos*, 2015. (http://agendagotsch.com/texts/2015/4/15/artigos)
AHRENS, E. Der Einfluss organischer und mineralischer Dünger auf das Verhalten von Azotobacter und die Möglichkeit seines quantitativen Nachweises. (Dissert. Univ. Giessen, 1961). *Zentralblatt für Bakteriologie* Abt.II, v.117, p.255-282, 1963
BERGMANN, W.; NEUBERT, P. (Eds.) *Pflanzendiagnose und Pflanzenanalyse*. Jena: VEB Gustav Fischer, 1976. 711p
BERGMANN, W. *Ernährungsstörungen bei Kulturpflanzen*. VEB Gustav Fischer Verlag. Jena, 1983. 254p.
BORYS, M.W. Influence of mineral nutrition on the resistance of potato leaves to *Phytophtora infestans*. In: PRIMAVESI, A. (Ed.) Progressos em Biodinâmica e Produtividade do Solo, Santa Maria, RS: UFSM, p.541-542, 1968.
BUNSCH, R. 2001. *Nutrient quantity or nutrient Access?: a new understanding of how to maintain soil fertility in the tropics*. Network for Ecofarming in Africa – Necofa, v.3, n.2, 2001. 19p.
CHABOUSSOU, F. *Les plantes malades dês pesticides: bases nouvelles d'une prévention contre maladies et parasites*. Paris: Debard, 1980. 270p
CHING, L.L. Two rice better than one. *Isis Report*, 12/07/2004.
DHAR, N.R. Organic matter, basic Thomas slag and soil productivity. In: PRIMAVESI, A (Ed.), Progressos em Biodinâmica e Produtividade do Solo, Santa Maria-RS: UFSM, p.351-353, 1968. (resumo)
DHAR, N. R. *World food crisis and fertility improvement*. Univ. Calcutá, Índia, 1972. 247p.
DONAHUE, R.L.; SHICKLUNA, J.C.; ROBERTSON, L.S. *Soils: an introduction to soils and plant growth*. Prentice-Hall, Inc. Englewood Cliffs, N.Jersey, USA, 1971. 587p.
DIEZ, T.; WEIGELT, H.; BRANDHUBER, R. Bodenstruktur erkennen und beurteilen

– Anleitung zur Bodenuntersuchung mit dem Spaten. Freising-Tüntenhausen: Bayerische Landesanstalt für Landwirtschaft – Lf, 2012. 20p. Acessado em: https://www.lwk-niedersachsen.de/download.cfm/file/279,20e25b1e-0271-153e-3ff93f873a10794c~pdf

FISHER, W. B.; PARKS, W. L. Influence of soil temperature on urea hydrolysis and subsequent nitrification. *Soil Sci. Soc. Amer. J.* v. 22, n.3, p. 247-248, 1958.

GORBING, J. *Die Grundlagen der Gare im praktischen Ackerbau*. Landbuch Verlag. Wien, 1944. 206p.

GUTTE, P. Segetal-und Ruderal-Pflanzengesellschaften im Wohngebiet der Kallawava (bolivianische Anden). Phytocoenologia v.25, n.1, p.33-67, 1995.

GRACE, J. *Plant Response to Wind*. London: Academic Press, 1977. 204p.

HASINGER, G. *Bodenbeurteilung im Feld*. Oberwil, Schweiz.: Forschungsinstitut für biologischen Landbau – FIBL, 1993. 16p.

SOPRANO, E. *Estabilidade de agregados e dispersão de argila em função da calagem*. Porto Alegre: UFRGS, 2002. 106p. (Tese Doutorado)

PRADO, R.M. *A calagem e as propriedades físicas de solos tropicais: revisão de literatura*. Jaboticabal: Unesp, 2000. 10p.

KIEHL, E. J. *Fertilizantes orgânicos*. São Paulo: Ed. Agron. Ceres, 1985. 492p.

KLINKENBORG, V. A farming revolution. *National Geographic*, v.183, n.6, 1995.

KOWARICK, M.A. 1998. *Cultivo de arroz em várzea úmida, sem irrigação controlada, Sta. Inês, Maranhão*. Comunicação pessoal. 1998. (http://br.linkedin.com/pub/marcos-kowarick/7b/b69/986)

KRESGE, C. B.; MERKLE, F. G. A study of the validity of laboratory techniques in appraising the available nitrogen producing capacity of soils. *Soil. Sci. Soc. Amer. J.* v.21, n.5, p. 516-521, 1957.

LOCKERMAN, R.H.; PUTNAM, A.R. Evaluation of allelopathic cucumbers (*Cucumis sativus*) as an aid to weed control. *Weed Sci.* v.27, p.54–57, 1979.

MCBRIDE, J. Athletes need zinc. *Agricultural Research*, v.47, n.7, p.22, 1999.

MACH. *Evaluación práctica de la fertilidad del suelo*. Cochabamba: Ed. Agrecol-Andes, 2000.

MARTIN, N.B.; SANTOS, Z.A.O.S.; ASSUMPÇÃO, R. Análise econômica da utilização da adubação verde nas culturas de algodão e soja em rotação com milho e amendoim. São Paulo: IAC/Instituto de Economia Agricola, 1983. Relatório de Pesquisa 4/83. 35p.

MENGEL, K. e KIRKBY, E. A. *Principles of plant nutrition*. Bern: International Potash Institute, 1978. 593p.

MIBASA, Arapiraca, (1995). Rod.AL 220, km 3 (www.mibasa.com.br)

MÜLLER, L. *Fisiologia vegetal*. In: Curso de pós-graduação em Biodinâmica e Produtividade do Solo. Santa Maria: UFSM. Santa Maria-RS: UFSM, 1971.

NIETO, C. Los sistemas de producción agrícola campesina en los Andes Del Ecuador. *In:* MUJIOCA, E; RUEDA, J.L. (Eds), La sostenibilidad de los sistemas de producción campesina en los Andes. Lima: Condesan, p.79-130, 1997.

PASCHOAL, A.D. *Pragas, praguicidas e a crise ambiental: problemas e soluções.* Rio de Janeiro: Ed.FGV, 1979. 102p.

PRIMAVESI, A.; PRIMAVESI, A.M. *Biocenose do solo na produção vegetal.* Porto Alegre: Ed. Globo, 1964. 218p.

PRIMAVESI, A. *O manejo ecológico do solo.* São Paulo: Nobel, 1980. 541p.

PRIMAVESI, O. *Manejo ambiental agrícola.* São Paulo: Ceres, 2013. 828p.

RABENANDRASANA, J. Revolution in rice intensification in Madagascar. *Leisa*, Leusden, v. 15, p. 3-4, 1999.

RODRIGUES, L.R.A.; RODRIGUES, T.J.D.; REIS, R.A. Alelopatia em plantas forrageiras. Jaboticabal: Unesp/FINEP, 1992. 18p. (Boletim)

SARWAR, M.J.; KHANIF, Y.M. Techniques of water saving in rice production in Malaysia. Asian Journal of Plant Sciences, v.4, n.1-2, p.83-84, 2005.

SCHARRER, K. e LINSER, H. *Handbuch der Pflanzenernährung und Düngung*, v. 2/1, Boden und Düngemittel. Wien: Springer Verlag, 1966.

SCHOBER, R. Luftstickstoffassimilation und Säurebildung bei *Aspergillus niger*. *Jahrbuch für wissenschaftliche Botanik*, v.72, p.1-105., v. 72, p. 1-105, 1930.

SCHREIBER, R. Phosphor, eine Lebensfrage für Tier und Mensch. *Phosphorsäure*, v.22, p.61-73 1962.

SHARMA, R.D.; PEREIRA, J.; RESCK, D.V.S. 1982. *Eficiência de adubos verdes no controle de nematoides associados à soja no cerrado.* Planaltina: EMBRAPA/CPAC, 1982. 30p. (Boletim de Pesquisa, 13).

SOUZA-FILHO, A.P.S.; RODRIGUES, LR.A; RODRIGUES, T.J.D. Efeito do potencial alelopático de três leguminosas forrageiras sobre três invasoras de pastagens. *Pesq.Agropec.Bras.*, Brasília, v.32, n.2, p.165-170, 1997.

SPERBER, J. J. Solution of mineral phosphorus by soil bacteria. *Nature*, v. 180, p. 994-995, 1957.

SUSZKIW, J. Plants send SOS when caterpillars bite. *Agricultural Research*, v.45, n.10, p.20, 1998.

TAVARES-FILHO, J.; RALISCH, R.; GUIMARÃES, M.F.; MEDINA, C.C.; BALBINO, L.C.; NEVES, C.S.V.J. Método do Perfil Cultural para avaliação do estado físico de solos em condições tropicais. Revista Brasileira de Ciencia do Solo, v.23, n.2, Abril, p.393-399, 1999.

TSUBOTA, S. Phosphate reduction in the paddy field. *Soil Science and Plant Nutrition*, v.5, n.1, p.10-15, 1959.

YOON, C. K. Simple method found to vastly increase crop yield. *The New York Times*, 22/08/2000.